全国技工院校数控加工类专业通用（中级技能层级）

数控加工工艺学
（第四版）习题册

中国劳动社会保障出版社

内容简介

本习题册是全国技工院校数控加工类专业通用教材（中级技能层级）《数控加工工艺学（第四版）》的配套用书。本习题册紧扣教学要求，按照教材章节顺序编排，知识点分布均衡，题型丰富多样，难易配置适当，有助于学生复习巩固所学知识。

本习题册由崔兆华主编，付荣、朱海清、赵培哲参编。

图书在版编目(CIP)数据

数控加工工艺学（第四版）习题册/人力资源和社会保障部教材办公室组织编写. -- 北京：中国劳动社会保障出版社，2018

全国技工院校数控加工类专业通用. 中级技能层级

ISBN 978-7-5167-3703-3

Ⅰ. ①数… Ⅱ. ①人… Ⅲ. ①数控机床-加工-技工学校-习题集 Ⅳ. ①TG659-44

中国版本图书馆 CIP 数据核字(2018)第 226181 号

中国劳动社会保障出版社出版发行

（北京市惠新东街 1 号　邮政编码：100029）

*

三河市华骏印务包装有限公司印刷装订　新华书店经销

787 毫米×1092 毫米　16 开本　6.75 印张　159 千字

2018 年 10 月第 1 版　2020 年 12 月第 5 次印刷

定价：12.00 元

读者服务部电话：（010）64929211/84209101/64921644

营销中心电话：（010）64962347

出版社网址：http://www.class.com.cn

http://zyjy.class.com.cn

目　录

第一章　数控机床概述

第一节　数控机床的产生与发展

一、填空题（将正确答案填写在横线上）

1. 数字控制简称____________，是一种借助数字、字符或其他符号对某一工作过程进行____________的自动化方法。

2. 数控机床是指采用____________技术对机床的加工过程进行自动控制的一类机床。

3. 数控机床定义中所说的程序控制系统即____________系统。

4. 数控系统性能的好坏除了主要受____________的性能影响外，还与数控系统中的主轴、进给驱动装置、进给电动机，及与其相关的____________元件的性能有密切关系。

5. 智能闭环加工技术利用____________获得实时的信息，以增强制造者取得最佳产品的能力。

6. 基于并联机械手发展起来的并联机床，因仍使用____________坐标系进行加工编程，故称虚拟坐标轴机床。

7. 未来机床应该是 SPACE CENTER，也就是具有____________高精度、通信、环保功能。

二、判断题（正确的打“√”，错误的打“×”）

1. 数控机床是为了满足多品种、小批量的自动化生产而诞生并发展起来的。（　　）

2. 世界上第一台数控机床是由英国人制造的。（　　）

3. NC 机床的含义是计算机数字控制机床。（　　）

4. 世界上第一台数控机床是一台三轴联动控制的数控铣床。（　　）

5. 1958 年北京机床厂与清华大学合作试制了第一台数控铣床。（　　）

6. 传统数控系统非标准化，具有封闭性，不同的系统生产厂家之间的系统互不兼容。（　　）

7. 随着微电子技术的发展，大规模集成电路的集成度越来越高，数控系统的体积越来越小。（　　）

8. 为克服传统数控系统的缺点，数控系统正朝着封闭式数控系统的方向发展。（　　）

9. 在铸铁中填充混凝土或聚合物混凝土，能提高振动阻尼性能，其减振性能是铸铁件的 8 ~ 10 倍。（　　）

三、选择题（将正确答案的代号填到括号内）

1. 世界上第一台数控机床是（　　）年研制出来的。

A. 1930　　B. 1949　　C. 1952　　D. 1958

2. 现代意义上的加工中心是（　　）年研发出来的。

A. 1949　　B. 1952　　C. 1958　　D. 1959

3. 数字控制是用（　　）信号进行控制的一种方法。

A. 模拟化　　B. 数字化　　C. 一般化　　D. 特殊化

4. 数控机床是（　　）与机床相结合的产物。

A. 计算机技术　　B. 数字控制技术　　C. 通信技术　　D. 电子技术

5. 数控机床加工依赖于各种（　　）。

A. 位置数据　　B. 模拟量信息　　C. 传感器　　D. 数字化信息

四、名词解释

1. 数控

2. 数控系统

3. 计算机数控系统

4. 数控机床

五、简答题

1. 简述数控系统的发展趋势。

2. 传统的数控系统采用专用计算机系统，主要存在哪些问题？

3. 随着数控机床结构的发展，出现了哪些新结构？

第二节　数控机床的组成与工作原理

一、填空题（将正确答案填写在横线上）

1．数控机床一般由＿＿＿＿＿＿和机床本体两部分组成。

2．计算机数控系统是由输入/输出设备、＿＿＿＿＿＿＿＿、可编程控制器、主轴驱动系统和进给伺服驱动系统等组成的一个整体系统。

3．操作人员与数控机床进行交互的工具是＿＿＿＿＿＿装置。

4．数控机床操作装置主要由显示装置、＿＿＿＿＿＿、机床控制面板、状态灯、手持单元等部分组成。

5．数控系统显示装置显示的信息可以是正在编辑的程序、正在运行的程序、＿＿＿＿＿＿＿＿、机床坐标轴的指令/实际坐标值、加工轨迹的图形仿真、故障报警信号等。

6．MDI键盘上一般有标准化的字母、数字和＿＿＿＿＿＿，主要用于零件程序的编辑、参数输入、MDI操作及系统管理等。

7．数控机床手持单元一般由＿＿＿＿＿＿＿＿、坐标轴选择开关等组成。

8．计算机数控系统的核心是＿＿＿＿＿＿。

9．数控机床的执行机构是＿＿＿＿＿＿，由驱动和执行两大部分组成。

10．数控装置的指令信息是以脉冲信息体现的，每一脉冲使机床移动部件产生的位移量称为＿＿＿＿＿＿。

11．数控机床的伺服机构中常用的位移执行机构有步进电动机、直流伺服电动机、交流伺服电动机和＿＿＿＿＿＿电动机。

12．数控机床上常用的检测装置有光栅、＿＿＿＿＿＿、感应同步器、旋转变压器、磁栅、磁尺、双频激光干涉仪等。

13．在数控机床中，PLC主要完成与＿＿＿＿＿＿＿＿有关的一些顺序动作的I/O控制。

14．数控机床的主体是＿＿＿＿＿＿＿＿，是数控系统的被控对象，是实现制造加工的执行部件。

15．用于数控机床的PLC一般分为两类：内装型PLC和＿＿＿＿＿＿PLC。

16．数控机床本体主要由主运动部件、＿＿＿＿＿＿部件、支撑件以及特殊装置和辅助装置组成。

17．加工中心由基础部件、数控装置、＿＿＿＿＿＿装置、辅助装置等几部分构成。

18．数控机床的主要任务就是根据输入的＿＿＿＿＿＿和操作指令，进行相应的处理，控制机床各运动部件协调动作，加工出合格的零件。

19．从外观上看数控铣床与加工中心相比就是少了刀库和＿＿＿＿＿＿装置。

20．数控机床对零件的加工是按事先编好的＿＿＿＿＿＿自动完成的。

二、判断题（正确的打“√”，错误的打“×”）

1. 数控机床是根据输入的零件程序进行加工控制的。（　）

2. 数控机床必须用控制介质向数控装置传递加工程序。（　）

3. 在数控机床上改变加工零件时，需要制造、更换许多工具、夹具和模具。（　）

4. 伺服机构接受控制介质的指令信息，并按指令信息的要求控制执行部件的进给速度、方向和位移。（　）

5. 伺服机构是数控机床的执行机构，由驱动和执行两大部分组成。（　）

6. 数控机床显示系统显示的信息可以是正在编辑的程序、正在运行的程序、机床的加工状态、机床坐标轴的指令/实际坐标值、加工轨迹的图形仿真、故障报警信号等。（　）

7. 数控装置接到执行的指令信号后，即可直接驱动伺服电动机进行工作。（　）

8. 操作装置是操作人员与数控机床进行交互的工具。（　）

9. 进给伺服系统是数控机床的中枢。（　）

10. 数控机床机械部件的组成与普通机床相似，但传动结构较为简单，在精度、刚度、抗震性等方面要求也低。（　）

11. 可编程控制器接受 CNC 装置的控制指令 M、S、T 等顺序动作信息，对其进行译码，转换成对应的控制信号，控制主轴、刀具或辅助装置完成相应的开关动作。（　）

12. 加工中心是在一般数控机床上加装一个刀库和自动换刀装置，构成一种带自动换刀装置的数控机床。（　）

13. 数控机床一般都具有较好的安全防护、自动排屑、自动冷却和自动润滑等装置。（　）

14. 测量反馈装置安装在数控机床的数控装置上。（　）

15. 可编程控制器是一种以微处理器为基础的通用型自动控制装置。（　）

16. 数控机床的适应能力强，适用于多品种、大批量零件的加工。（　）

17. 在数控机床上一般不能进行多道工序的连续加工。（　）

18. 数控机床的刚度一般比普通机床的刚度要差。（　）

19. 数控程序最早的控制介质是磁盘。（　）

20. 数控机床最适宜加工精度要求不高，但生产批量特别大的零件。（　）

21. 就所加工工件的尺寸一致性而言，数控机床不如普通机床。（　）

22. 数控机床加工形状复杂的零件或新产品时，不必像通用机床那样采用很多工装，仅需要少量工具、夹具。（　）

23. 数控机床移动部件在定位中均采用加减速控制，并可选用很高的空行程运动速度，缩短了定位和非切削时间。（　）

24. 采用数控机床加工零件，能准确地计算加工工时。（　）

三、选择题（将正确答案的代号填到括号内）

1. 数控机床控制介质是指（　）。

A. 零件图样和加工程序单　　B. 交流电

C. 穿孔带、磁盘和磁带、网络　　D. 光电阅读机

2. 数控机床的数控装置包括（ ）。

A. 光电读带机和输入程序载体　　B. 步进电动机和伺服系统

C. 储存、运算、信息处理和输出单元　　D. 位移、速度传感器和反馈系统

3. CNC 装置是指（ ）装置。

A. 自适应控制　　B. 直接数字控制　　C. 计算机数控　　D. 数控

4. 数控机床中把脉冲信号转换成机床移动部件运动的组成部分称为（ ）。

A. 控制介质　　B. 数控装置　　C. 机床本体　　D. 伺服系统

5. 检测装置的作用是（ ）。

A. 提高机床的安全性　　B. 提高机床的使用寿命

C. 提高机床的定位精度、加工精度　　D. 提高机床的灵活性

6. CNC 系统中的 PLC 是（ ）。

A. 可编程序逻辑控制器　　B. 显示器

C. 多微处理器　　D. 环形分配器

7. 数控机床伺服系统以（ ）为控制目标。

A. 加工精度　　B. 位移量和速度量　　C. 切削力　　D. 切削速度

8. 加工中心与数控铣床和数控镗床的主要区别是（ ）。

A. 是否有自动排屑装置　　B. 是否有刀库和换刀机构

C. 是否有自动冷却装置　　D. 是否具有三轴联动功能

9. 与普通机床相比，数控机床的加工精度（ ），生产效率（ ）。

A. 高　低　　B. 高　高　　C. 低　高　　D. 低　低

10. 数控机床与普通机床的进给系统（ ）区别。

A. 没有　　B. 有细微的　　C. 有本质的　　D. 不能确定

11. 现代数控机床的各种信号处理中，一般由 CNC 装置中的 PLC 部分直接处理的信号是（ ）。

A. 闭环控制中传感器反馈的线位移信号

B. 伺服电动机编码器反馈的角位移信号

C. 机床的逻辑状态检测与控制等辅助功能信号

D. 数控机床刀位控制信号

12. 数控机床的性能很大程度上取决于（ ）的性能。

A. 计算机运算　　B. 伺服系统

C. 位置检测系统　　D. 机械结构

13. 加工精度高、（ ）、自动化程度高、劳动强度低、生产效率高等是数控机床加工的特点。

A. 加工轮廓简单、生产批量又特别大的零件

B. 对加工对象的适应性强

C. 装夹困难或必须依靠人工找正、定位才能保证其加工精度的单件零件

D. 适于加工余量特别大、材质及余量都不均匀的坯件

14. 数控系统所规定的最小设定单位就是数控机床的（ ）。

A. 运动精度　　B. 加工精度　　C. 脉冲当量　　D. 传动精度

15. 数控机床的脉冲当量就是（　　）。

A. 脉冲频率　　B. 每分钟脉冲的数量

C. 移动部件最小理论移动量　　D. 每个脉冲的时间周期

16. 下列关于目前数控机床程序输入方法的叙述，正确的是（　　）。

A. 一般只有手动输入　　B. 一般只有接口通信输入

C. 一般都有手动输入和接口通信输入　　D. 一般都有手动输入和穿孔纸带输入

17. 可编程控制器的英文缩写是（　　）。

A. MC　　B. FMC　　C. PLC　　D. CNC

18. 对数控机床的工作性能、加工精度和效率影响最大的部分是（　　）。

A. 伺服系统　　B. 检测装置　　C. 控制介质　　D. 数控装置

19. 数控机床与普通机床的进给传动系统的区别是数控机床采用（　　）。

A. 滑动导轨　　B. 滑动丝杠螺母副

C. 滚动导轨　　D. 滚珠丝杠螺母副

20. 数控机床的加工动作是由（　　）规定的。

A. 输入装置　　B. 步进电动机　　C. 伺服系统　　D. 加工程序

四、简答题

1. 数控机床主要由哪几部分组成？

2. 计算机数控装置有何作用？

3. 伺服机构有何作用？

4. 检测装置有何作用？

5. 简述数控机床的工作原理。

6. 与普通机床相比，数控机床有哪些优点？

7. 数控车床的机械结构系统主要由哪些部分组成？

8. 加工中心主要由哪些部分组成？

第三节 数控机床的分类

一、填空题（将正确答案填写在横线上）

1. 数控机床按其进刀与工件相对运动的方式，可以分为____________控制、____________控制和____________控制数控机床。

2. 所谓数控机床可控制联动的坐标轴，是指数控装置控制几个伺服电动机，同时驱动机床移动部件运动的____________数目。

3. 数控铣床一般为________坐标数控机床。

4. 两轴半坐标联动数控机床本身有三个坐标，能做三个方向的运动，但控制装置只能同时控制________个坐标联动。

5. 数控机床按照对被控量有无检测反馈装置可分为____________控制和____________控制两种。

6. 在闭环系统中，根据测量装置安放的部位又分为____________________控制和

______________控制两种。

7．加工中心的出现打破了一台机床只能进行__________加工的传统概念，实行一次安装定位，完成多工序加工方式。

8．金属切削类数控机床按工艺用途可分为一般数控机床和__________________。

9．加工中心按机床结构可分为__________加工中心、__________加工中心、五面加工中心和并联加工中心。

10．点位控制多应用于数控钻床、数控冲床、______________和数控点焊机等。

二、判断题（正确的打“√”，错误的打“×”）

1．数控机床只要有三个坐标轴就能同时控制三个坐标轴联动。（　　）

2．点位控制数控机床只允许在各个自然坐标轴上移动，在运动过程中进行加工。（　　）

3．轮廓控制数控机床进给运动是在各个自然坐标轴上移动，在运动过程中进行加工。（　　）

4．曲面上的任意点之间必须通过圆弧段连接起来进行插补加工称为轮廓控制方式。（　　）

5．全闭环数控机床的定位精度主要取决于检测装置的精度。（　　）

6．在开环和半闭环数控机床上，定位精度主要取决于进给丝杠的精度。（　　）

7．数控机床按加工方式分类，可分为金属切削类数控机床、金属成形类数控机床、电加工数控机床等。（　　）

8．数控机床按控制坐标轴数分类，可分为两坐标数控机床、三坐标数控机床、多坐标数控机床和五面加工数控机床等。（　　）

9．最常见的两轴半坐标控制的数控铣床，实际上就是一台三轴联动的数控铣床。（　　）

10．数控钻床一般采用直线控制方式。（　　）

11．点位控制数控机床只要求获得准确的点定位精度，不考虑两点之间的运动路径和方向。（　　）

12．直线控制数控机床只要求获得准确的点定位精度。（　　）

三、选择题（将正确答案的代号填到括号内）

1．点位控制数控机床可以是（　　）。

A．数控车床　B．数控铣床　C．数控冲床　D．加工中心

2．可以控制电动机作精确的角位移运动，但不能纠正机床传动误差的控制系统是（　　）控制系统。

A．闭环　B．点位　C．半闭环　D．连续

3．数控机床的种类很多，如果按加工轨迹分则可分为（　　）。

A．开环控制、闭环控制

B．二轴控制、三轴控制和多轴控制

C．点位控制、直线控制和连续控制

D. 金属切削类数控机床、金属成形类数控机床、特种加工机床等

4. 采用（　　）的位置伺服系统只接收数控系统发出的指令信号，而无反馈信号。

A. 闭环控制　　B. 半闭环控制

C. 开环控制　　D. 与控制形式无关

5. 闭环控制系统直接检测的是（　　）。

A. 电动机轴转动量　　B. 丝杠转动量

C. 工作台的位移量　　D. 电动机转速

6. 闭环控制系统和半闭环控制系统的主要区别在于（　　）不同。

A. 采用的伺服电动机　　B. 采用的检测元件

C. 伺服电动机安装位置　　D. 检测元件的安装位置

7. 数控机床半闭环控制系统的特点是（　　）。

A. 结构简单，价格低廉，精度差　　B. 结构简单，维修方便，精度不高

C. 调试与维修方便，精度高，稳定性好　　D. 调试较困难，精度很高

8. 按照（　　）分类方法进行分类，数控系统分为开环式数控系统和闭环式数控系统。

A. 工艺用途　　B. 工艺路线

C. 有无检测装置　　D. 是否由计算机控制

9. 闭环控制系统的位置反馈装置（　　）。

A. 装在电动机轴上　　B. 装在位移传感器上

C. 装在传动丝杠上　　D. 装在机床移动部件上

10. 数控机床开环控制系统的伺服电动机多采用（　　）。

A. 直流伺服电动机　　B. 交流伺服电动机

C. 交流变频调速电动机　　D. 功率步进电动机

11. 采用开环进给伺服系统的机床通常不安装（　　）。

A. 伺服系统　　B. 制动器　　C. 数控系统　　D. 位置检测器件

12. 数控铣床一般具有（　　）个坐标轴。

A. 2　　B. 3　　C. 4　　D. 5

13. 按照机床运动的控制轨迹分类，加工中心属于（　　）。

A. 点位控制　　B. 直线控制　　C. 轮廓控制　　D. 远程控制

14. 加工平面曲线轮廓或空间曲面轮廓，选用（　　）数控机床。

A. 点位直线控制　　B. 直线控制　　C. 点位控制　　D. 轮廓控制

15. 经济型数控机床一般采用（　　）控制。

A. 全闭环　　B. 开环　　C. 半闭环　　D. 不能确定

16. 数控车床一般具有（　　）轴联动功能。

A. 二　　B. 三　　C. 四　　D. 五

17. 数控铣床增加一个数控回转工作台后，可控制轴数是（　　）。

A. 2 轴　　B. 3 轴　　C. 4 轴　　D. 5 轴

18. 一般五轴联动的数控机床包含了（　　）。

A. 5 个移动轴　　B. 4 个移动轴和 1 个旋转轴

C. 2 个移动轴和 3 个旋转轴　　D. 3 个移动轴和 2 个旋转轴

四、简答题

1. 数控机床按其进刀与工件相对运动的方式可分为哪几类？它们之间有何区别？

2. 数控机床按控制方式可分为哪几类？它们之间有何区别？

3. 数控机床按可控制联动的坐标轴可分为哪几类？

4. 三坐标联动数控机床和两轴半坐标联动数控机床有何区别？

5. 点位控制系统有何特点？

6. 直线控制系统有何特点？

7. 轮廓控制系统有何特点？

第四节　数控系统的插补原理

一、填空题（将正确答案填写在横线上）

1. 一般情况，用户编程时给出了轨迹的起点和终点，以及轨迹的类型，并规定其走向，然后由数控系统在控制过程中计算出运动轨迹的各个中间点，这个过程称为____________。

2. 插补工作可用硬件或__________来完成，也可由两者结合一起来完成。

3. 早期的数控系统中，插补器是一个由专门的硬件接成的数字电路装置，这种插补称为________插补。

4. 软件插补法可分成基准脉冲插补法和______________插补法两类。

5. 逐点比较法中直线插补每处理一步都要完成以下四个节拍________________、____________、____________、____________。

6. 直线插补时，当偏差 $F \geqslant 0$ 时，动点应沿 X 轴进给，第一、四象限沿 X 轴______方向进给，第二、三象限沿 X 轴______方向进给；当偏差 $F<0$ 时，动点应沿 Y 轴进给，第一、二象限沿 Y 轴______方向进给，第三、四象限沿 Y 轴______方向进给。

7. 对于不过象限的圆弧插补来说其步骤可分为偏差判别、坐标进给、____________、新点坐标计算及终点判别五个步骤。

8. 由逐点比较法插补原理可以看出，逐点比较插补法的特点是以________________来逼近直线和圆弧等曲线的，它与理论要求的直线或圆弧之间的最大误差为______个脉冲当量。

二、判断题（正确的打"√"，错误的打"×"）

1. 数控机床对插补所需要的数据越多越好。 （ ）
2. 插补误差越小，数控机床加工精度越高。 （ ）
3. 基准脉冲软件插补法是模拟硬件插补的原理，其插补输出仍是脉冲。 （ ）
4. 现在大多数数控系统将软件插补法与硬件插补法结合起来，硬件完成粗插补，软件完成精插补。 （ ）
5. 数控机床的加工精度取决于插补误差的大小，与脉冲当量无关。 （ ）
6. 采用逐点比较法，每插补一次只能一个坐标轴进给，坐标轴不能联动。 （ ）
7. 用逐点比较插补法加工第一象限斜线，若偏差函数等于零，刀具就沿 $+Y$ 方向进一步。 （ ）
8. 插补运动的轨迹与理想轨迹完全相同。 （ ）

三、选择题（将正确答案的代号填到括号内）

1. 逐点比较插补法的插补流程是（ ）。

A. 偏差计算→偏差判别→进给→终点判别

B. 终点判别→进给→偏差计算→偏差判别

C. 偏差判别→进给→偏差计算→终点判别

D. 终点判别→进给→偏差判别→偏差计算

2. 采用逐点比较法对第一象限的圆弧进行顺圆插补时，若偏差值是 -10，那么刀具下一步的进给方向为（ ）。

A. $+X$　　B. $+Y$　　C. $-X$　　D. $-Y$

3. 采用逐点比较法插补第一象限的直线时，直线起点在坐标原点处，终点坐标是（5，7），刀具从其起点开始插补，则当加工完毕时进行的插补循环数是（ ）。

A. 10　　B. 11　　C. 12　　D. 13

4. 逐点比较法是用（ ）来逼近曲线的。

A. 折线　　B. 直线　　C. 圆弧和直线　　D. 曲线

5. 逐点比较法逼近直线或圆弧时，其逼近误差（ ）。

A．不大于一个脉冲当量　　B．与切削速度有关
C．与进给速度和插补周期有关　　D．与主轴转速有关

6．下列四个节拍中，（　　）不是直线插补的工作节拍。

A．偏差判别　　B．坐标计算　　C．偏差计算　　D．终点判别

7．逐点比较法直线插补的判别式函数为（　　）。

A．$F = X_iY_e + X_eY_i$　　B．$F = X_eY_i - X_iY_e$
C．$F = X_iY_i + X_eY_e$　　D．$F = Y_e - Y_i$

8．逐点比较法圆弧插补的判别式函数为（　　）。

A．$F = X_i^2 + Y_i^2 - R^2$　　B．$F = X_iY_e - X_eY_i$
C．$F = X_iY_i - X_eY_e$　　D．$F = X_eY_e - X_iY_i$

9．逐点比较圆弧插补时，若偏差值等于零，说明刀具在（　　）。

A．圆内　　B．圆上　　C．圆外　　D．圆心

10．第一象限圆弧的起点坐标为 A（X_a，Y_a），终点坐标为 B（X_b，Y_b），用逐点比较法插补完这段圆弧所需的插补循环数为（　　）。

A．$(X_b - X_a) + (Y_b - Y_a)$　　B．$(X_b + X_a) + (Y_b + Y_a)$
C．$|X_b - X_a| + |Y_b - Y_a|$　　D．$|X_b + X_a| + |Y_b + Y_a|$

四、计算题

1．试用逐点比较法分析起点在原点、终点在（4，5）的直线加工的插补过程（把插补过程填入表1—1中），并画出插补轨迹。

表1—1　　插补过程

序号	偏差判别	进给	偏差计算	终点判别

2. 试用逐点比较法分析起点在（0，5）、终点在（5，0）的圆弧加工的插补过程（把插补过程填入表1—2中），并画出插补轨迹。

表1—2　　插补过程

序号	偏差判别	进给	偏差计算	坐标计算	终点判别

第二章　数控加工工艺基础

第一节　金属切削加工的基本知识

一、填空题（将正确答案填写在横线上）

1. 切削运动是指在切削过程中________相对于工件的运动，按其在切削过程中所起的作用，可分为主运动和________运动。

2. 使新的切削层不断投入切削的运动称为________运动。

3. 当主运动与进给运动同时进行时，这两个运动的合成运动称为____________运动。

4. 切削过程中，工件上形成的三种表面为____________________、__________________和____________。

5. 工件上有待切除的表面是________________。

6. 工件上经刀具切削后所形成的表面是____________。

7. 切屑的形成过程就是________层变形的过程。

8. 被切金属经过塑性变形后形成的切屑，其长度比切削层长度短，厚度比切削层厚，这种现象称为切屑的________现象。

9. 第______变形区的金属变形，将影响到工件的表面质量及使用性能。

10. 切屑形状各异，一般常见的四种基本形态为________切屑、________切屑、________切屑、________切屑。

11. 影响积屑瘤的主要因素是工件材料、切削速度、进给量、刀具前角和切削液等，其中____________对产生积屑瘤的影响最大。

12. 在已加工表面上产生近似与切削速度方向垂直的横向裂纹和呈鳞片状的毛刺简称为____________。

13. 切削塑性金属时，工件已加工表面层的硬度明显提高而塑性下降的现象称为________________。

14. 切削区温度通常是指_________、工件与刀具接触表面上的平均温度。

15. 切削用量中以____________对切削温度的影响最大。

16. 切削液的主要作用为_________作用和_________作用，加入特殊添加剂后，还可以起到清洗和_________的作用，以保护机床、刀具、工件等不被周围介质腐蚀。

17. 切削液的冷却性能取决于它的热导率、比热、汽化热、流量、流速等，但主要靠____________。

18. 常用切削液有____________、____________、合成切削液、切削油、极压切削油和固体润滑剂等。

19. 切削液的种类繁多，性能各异，在加工过程中应根据____________、工艺特点、工件和刀具材料等具体条件合理选用。

20. 粗加工时金属切除量大，切削温度高，应选用_________作用好的切削液。

21. 精加工时，为了减少切屑、工件与刀具间的摩擦，保证工件的加工精度和表面质量，应选用_________性能较好的切削液。

二、判断题（正确的打“√”，错误的打“×”）

1. 车削外圆时，工件的回转运动为主运动，车刀的纵向运动为进给运动。（　　）

2. 铣削时铣刀的回转运动为主运动。（　　）

3. 一般在加工塑性材料，采用较大的前角、较小的背吃刀量、较高的切削速度时，会形成带状切屑。（　　）

4. 当采用小的前角、大的背吃刀量和低的切削速度，加工塑性较差的材料时，会形成节状切屑。（　　）

5. 工件材料越脆、越硬，刀具前角越小，背吃刀量越大，越容易形成崩碎状切屑。（　　）

6. 积屑瘤的产生在精加工时要设法避免，但对粗加工有一定的好处。（　　）

7. 切削过程中变形和摩擦所消耗功的绝大部分转变为热能。（　　）

8. 对于细长轴、薄壁套和精密工件的加工，传入工件的切削热比较少，不会引起工件的变形。（　　）

9. 合理选择刀具材料和刀具几何角度，能减少切削热和降低切削温度。（　　）

10. 传入工件的切削热仅占5%～10%，不会导致工件受热伸长和膨胀，所以不会影响加工精度。（　　）

11. 水的热导率为油的3～5倍，比热约大一倍，故冷却性能比油好得多。（　　）

12. 切削液可提高刀具的使用寿命和工件的加工质量。（　　）

13. 切削液防锈作用的好坏，取决于切削液本身的性能和加入的防锈添加剂。（　　）

14. 粗车或粗铣铸铁时，一般应选用5%～7%的乳化液。（　　）

15. 加工镁合金时，不能用切削液，以免燃烧起火。（　　）

三、选择题（将正确答案的代号填到括号内）

1. 切除工件表面多余材料所需的最基本的运动是（　　）。
   A. 主运动　　B. 进给运动　　C. 步进运动　　D. 复合运动

2. 车削端面时，工件的旋转运动为（　　）。
   A. 主运动　　B. 进给运动　　C. 复合运动　　D. 步进运动

3. 钻孔时，麻花钻的轴向移动是（　　）运动。
   A. 复合　　B. 辅助　　C. 主　　D. 进给

4. 切削铸铁时，容易形成（　　）切屑。
   A. 带状　　B. 节状　　C. 粒状　　D. 崩碎状

5. 切削纯铜时，容易形成（　　）切屑。
   A. 带状　　B. 节状　　C. 粒状　　D. 崩碎状

6．刀具产生积屑瘤的切削速度大致在（　　）范围内。

A．低速　　B．中速　　C．高速　　D．不确定

7．第（　　）变形区的金属变形，将影响到工件的表面质量及使用性能。

A．Ⅰ　　B．Ⅱ　　C．Ⅲ　　D．Ⅳ

8．切削加工中，（　　）对产生积屑瘤的影响最大。

A．工件材料　　B．切削速度　　C．进给量　　D．切削液

9．下列说法正确的是（　　）。

A．切削过程中传入刀具的切削热占很大的一部分

B．由于刀具切削部分（尤其是刀尖部位）体积很小，温度不会升高

C．在高速切削时，切削温度可高达 1 000℃以上，致使刀具切削性能降低，磨损会加快，缩短刀具寿命

D．在高速切削时，切削热不会影响工件加工质量

10．积屑瘤在加工过程中起到好的作用的是（　　）。

A．减小刀具前角　　B．保护刀尖　　C．保证尺寸精度　　D．提高表面质量

四、名词解释

1．切削过程

2．切削运动

3．主运动

4．进给运动

5．表面加工硬化

五、简答题

1．切削加工时工件上形成的表面有哪三个？

2. 金属切削过程可以分为几个变形区？试画图表示出变形区。

3. 常见的切屑种类有哪些？

4. 什么是切屑的收缩现象？

5. 什么是积屑瘤？积屑瘤对加工有何影响？影响积屑瘤的因素有哪些？

6. 什么是鳞刺？防止鳞刺产生的措施有哪些？

7. 切削温度对工件、刀具和切削过程有何影响？

8. 影响切削温度的因素有哪些？

9. 切削液有何作用？常见的切削液有哪些种类？

10. 如何选用切削液？

第二节　数控加工工艺的制定

一、填空题（将正确答案填写在横线上）

1. 外圆表面的主要加工方法是________和磨削。

2. 内孔表面加工方法有钻孔、扩孔、铰孔、________、拉孔、磨孔和光整加工。

3. 平面的主要加工方法有________、刨削、车削、磨削和拉削等，精度要求高的平面还需要经研磨或刮削加工。

4. 零件的加工过程通常按工序性质不同，可分为四个阶段：粗加工、半精加工、精加工和________加工。

5. 粗加工的主要任务是____________________________。

6. 精加工的主要任务是____________________________。

7. 光整加工主要目标是____________________________，一般不用来提高位置精度。

8. 工序的划分可以采用两种不同原则，即____________原则和____________原则。

9. 工序________原则适用于在高效的专用设备和数控机床上的工件加工，工序________原则适用于结构简单的加工设备和工艺设备。

10. 在数控车床上加工零件，一般应按____________原则划分工序，在一次安装下尽可能完成大部分甚至全部表面的加工。

11. 加工工序安排的原则有：__________、先近后远、内外交叉、基面先行、先主后次、先面后孔等原则。

12．热处理工序在工艺路线中的安排主要取决于零件的材料和________。

13．预备热处理的目的是改善材料的________性能，消除毛坯制造时的残余应力，改善组织。

14．消除残余应力热处理最好安排在________________。

15．最终热处理的目的是提高零件的强度、表面硬度和耐磨性，常安排在________。

16．数控机床加工中，每把刀具进入程序时应该具有一个明确的起点，该点称为________。

二、判断题（正确的打"√"，错误的打"×"）

1．半精加工的目的是使毛坯在形状和尺寸上接近零件成品，提高生产率。（　）

2．粗加工的任务是使主要表面达到一定的精度，留有一定的精加工余量；并可完成一些次要表面加工，如扩孔、攻螺纹、铣键槽等。（　）

3．半精加工阶段的任务是保证各主要表面达到规定的尺寸精度和表面粗糙度要求。（　）

4．精加工的主要目标是提高生产率。（　）

5．工序分散原则适用于在高效的专用设备和数控机床上的工件加工。（　）

6．工序分散原则的缺点是加工设备和工艺装备投资大，调整、维修比较麻烦，生产准备周期较长，不利于转产。（　）

7．工序集中原则适用于结构简单的加工设备和工艺设备。（　）

8．工序集中原则的缺点是工艺路线较长，占地面积大，所需设备及工人人数多，加工精度受操作人员的技术水平影响大。（　）

9．大批量生产时，若使用多轴、多刀的高效加工中心，可按工序集中原则组织生产；若在由组合机床组成的自动线上加工，工序一般按分散原则划分。（　）

10．单件小批量生产时，通常采用工序集中原则。（　）

11．在数控机床上加工零件，一般应按工序分散原则划分工序。（　）

12．对于结构尺寸和重量都很大的重型零件，应采用工序集中原则，以减少装夹次数和运输量。（　）

13．对于刚度差、精度高的零件，应按工序集中原则划分工序。（　）

14．在一般情况下，离对刀点远的部位先加工，离对刀点近的部位后加工。（　）

15．对既有内表面又有外表面需加工的零件，安排加工顺序时，应先进行内外表面粗加工，后进行内外表面精加工。（　）

16．根据基面先行原则，轴类零件加工时，通常先加工中心孔，再以中心孔为精基准加工外圆表面和端面。（　）

17．箱体、支架类零件的平面轮廓尺寸较大，一般先加工平面，再加工孔和其他尺寸。（　）

18．数控机床系统的退刀路线，原则上首先要考虑安全性，即在退刀过程中不能与工件发生碰撞；其次要考虑使退刀路线最短。（　）

19．预备热处理工序位置多在机械加工之前。（　）

20．消除残余应力热处理最好安排在精加工之后进行。（　）

21．对精度要求较高的复杂铸件，在机加工过程中通常安排两次时效处理：铸造→粗加工→时效→半精加工→时效→精加工。（　　）

22．最终热处理的目的是提高零件的强度、表面硬度和耐磨性，常安排在精加工工序之后。（　　）

23．检验工序是主要的辅助工序，是保证产品质量的主要措施之一。（　　）

24．检验工序安排在加工全部结束后进行。（　　）

25．划分加工阶段的目的之一是便于安排热处理工序。（　　）

26．按粗精加工划分工序适用于加工后变形较大，需粗精加工分开的零件。（　　）

三、选择题（将正确答案的代号填到括号内）

1．精加工外圆使用的主要加工方法是（　　）。

A．车削　　B．铣削　　C．刨削　　D．磨削

2．使每个工序中包括尽可能多的工步内容，因而使总的工序数目减少，夹具的数目和工件安装次数也相应减少，叫作（　　）。

A．工序集中　　B．工序分散　　C．工步集中　　D．工步分散

3．对零件上精度和表面粗糙度要求很高的表面，需进行（　　），其主要目标是提高尺寸精度、减小表面粗糙度值。

A．粗加工　　B．半精加工　　C．精加工　　D．光整加工

4．对于提高零件抗腐蚀能力和耐磨性，使表面美观的表面处理一般安排在（　　）阶段进行。

A．粗加工前　　B．粗加工或半精加工后

C．精加工前　　D．最后

5．零件加工中，去毛刺、清洗和退磁，涂油防生锈属于（　　）工序。

A．热处理　　B．辅助　　C．检验　　D．起始

6．退火一般安排在（　　）之后。

A．毛坯制造　　B．粗加工　　C．半精加工　　D．精加工

7．轴类零件的加工余量主要靠（　　）方法去除。

A．车削　　B．铣削　　C．钻削　　D．刨削

8．对于刚性差、精度高的零件，应按（　　）原则划分工序。

A．工序集中　　B．工序分散　　C．A、B 项皆可　　D．不能确定

9．对于既要铣面又要镗孔的零件应（　　）。

A．先镗孔后铣面　　B．先铣面后镗孔

C．同时进行　　D．无所谓

10．对精度要求不高、工件刚性好、加工余量小、批量小的零件加工可（　　）加工阶段。

A．不必划分　　B．分粗、精

C．分粗、半精　　D．分粗、半精、精

11．零件的（　　）要求很高时才需要光整加工。

A．位置精度　　B．尺寸精度和表面粗糙度

C. 尺寸精度　　D. 表面粗糙度

12. 成批生产时，工序划分通常（　　）。

A. 采用分散原则　　B. 采用集中原则

C. 视具体情况而定　　D. 随便划分

13. 预备热处理一般安排在（　　）。

A. 粗加工前　　B. 粗加工后

C. 粗加工前或后　　D. 精加工后

14. 最终热处理一般安排在（　　）。

A. 粗加工前　　B. 粗加工后　　C. 精加工后　　D. 精加工前

15. 最终工序为车削的加工方案，一般不适用于加工（　　）。

A. 淬火钢　　B. 未淬火钢　　C. 有色金属　　D. 铸铁

16. 表面粗糙度要求高，而尺寸精度要求不高的外圆加工，最终工序宜采用（　　）。

A. 研磨加工　　B. 抛光加工　　C. 超精磨加工　　D. 超精加工

17. 加工内容不多的工件，工序划分常采用（　　）。

A. 按所用刀具划分　　B. 按安装次数划分

C. 按粗、精加工划分　　D. 按加工部位划分

18. 加工表面多而复杂的零件，工序划分常采用（　　）。

A. 按所用刀具划分　　B. 按安装次数划分

C. 按加工部位划分　　D. 按粗精加工划分

19. 下列选项中，正确的切削加工工序安排的原则是（　　）。

A. 先孔后面　　B. 先次后主　　C. 先主后次　　D. 先远后近

20. 下列平面加工方案中，加工精度最高、表面粗糙度值最小的为（　　）。

A. 粗车→半精车→精车　　B. 粗刨→精刨→刮研

C. 粗铣→精铣→磨削→研磨　　D. 粗铣→精铣→刮研

21. 平面光整加工能够（　　）。

A. 提高加工效率　　B. 修正位置偏差

C. 提高表面质量　　D. 改善形状精度

22. 阶梯轴的加工过程中“掉头继续车削”属于变换了一个（　　）。

A. 工序　　B. 工步　　C. 安装　　D. 走刀

四、简答题

1. 数控加工工艺的内容主要有哪些？

2. 零件的加工过程通常按工序性质不同可分为哪几个阶段？各阶段的目的是什么？

3. 加工零件时，划分加工阶段的意义是什么？

4. 工序集中与工序分散原则各有何优缺点？

5. 加工顺序安排的原则有哪些？

6. 零件加工过程中，常用的热处理工序有哪些？各有何目的？

第三节　零件在数控机床的定位与装夹

一、填空题（将正确答案填写在横线上）

1. 毛坯在开始加工时，都是以未加工的表面定位，这种基准面称为______基准；用已加工后的表面作为定位基准面称为______基准。

2. 选择粗基准时，必须满足以下两个基本要求：一是应保证所有加工表面都有足够的__________；二是应保证工件加工表面和不加工表面之间具有一定的__________。

3. 直接选择加工表面的设计基准为定位基准，称为__________原则。

4. 采用基准重合原则可以避免由定位基准与__________不重合而引起的定位误差。

5. 定位过程中产生的________________误差，是在用夹具装夹、调整法加工一批工件时产生的。

6. 同一零件的多道工序尽可能选择同一个定位基准，称为__________原则。

7. 对于研磨、铰孔等精加工或光整加工工序要求余量小而均匀，选择加工表面本身作为定位基准，称为__________原则。

8. 采用__________原则时，只能提高加工表面本身的尺寸精度、形状精度，而不能提高加工表面的位置精度，加工表面的位置精度应由前道工序保证。

9. 为使各加工表面之间具有较高的位置精度，或为使加工表面具有均匀的加工余量，可采取两个加工表面互为基准反复加工的方法，称为__________原则。

10. 工件的定位是通过工件上的__________面和夹具上定位元件工作表面之间的配合或接触实现的。

11. 工件以平面定位时，常用定位元件有：固定支承、自位支承、________支承、辅助支承。

12. 平头支承钉和支承板用于________________的定位；球头支承钉主要用于________________定位；齿纹头支承钉用于________________定位，以增大摩擦因数。

13. ________支承是指根据工件实际表面情况，自动调整支承方向和接触部位的浮动支承。

14. 无论使用哪种形式的自位支承，其作用相当于一个固定支承，即它只在该部位消除________个自由度。

15. 为提高工件的安装刚度及稳定性，防止工件的切削振动及变形，或者为工件的预定位而设置的非正式定位支承称为________支承，该支承不起定位作用。

16. 定位销分为短销和长销，短销限制________个自由度，而长销限制________自由度。

17. 定位心轴常被应用于车、磨、铣类机床上用来对内孔尺寸较大的套筒类、盘类工件进行安装，主要有间隙配合心轴、过盈配合心轴及________心轴。

18. 一面两孔定位是数控铣削加工过程中最常用的定位方式之一，平面限制_____个自由度，圆柱销限制_____个自由度，削边销限制_____个自由度。

19. 窄 V 形块定位限制工件的_____个自由度；宽 V 形块或两个窄 V 形块组合定位，则限制工件的_____个自由度。

20. 夹具主要由定位装置、__________、夹具体三大部分组成。

二、判断题（正确的打“√”，错误的打“×”）

1. 粗基准都是未加工过的表面，精基准都是加工过的表面。（ ）
2. 加工过的表面都是精基准。（ ）
3. 当加工表面与不加工表面有位置精度要求时，应选择加工表面为粗基准。（ ）
4. 粗基准可以多次使用。（ ）
5. 采用基准重合原则可以避免由定位基准与设计基准不重合而引起的定位误差。（ ）
6. 在带有自动测量功能的数控机床上加工零件时，可不必遵循基准重合原则。（ ）
7. 采用自为基准原则时，能提高零件加工表面的位置精度。（ ）

8. 粗加工所用的定位基准称粗基准，精加工所用的定位基准为精基准。（ ）

9. 轴类零件常使用其外圆表面作统一精基准。（ ）

10. 定位基准只允许使用一次，不准重复使用。（ ）

11. 球头支承钉用于工件已加工表面的定位，平头支承钉用于工件毛坯表面的定位。（ ）

12. 浮动支承常用的有三点式和两点式，无论使用哪种形式的浮动支承，其作用相当于一个固定支承，即它只在该部位消除一个自由度。（ ）

13. 辅助支承不仅能起定位作用，还能起到提高工件的刚度和承受力的作用。（ ）

14. V 形块的优点是对中性好。（ ）

15. 长圆锥定位销可限制工件的三个自由度。（ ）

16. 为了保证工件达到图样所规定的精度和技术要求，夹具上的定位基准应与工件上设计基准、测量基准尽可能重合。（ ）

17. 选择平整和光滑的毛坯表面作为粗基准，其目的是可以重复装夹使用。（ ）

18. 轴类零件常用两中心孔作为定位基准，这是遵循了“自为基准”原则。（ ）

19. 具有独立的定位作用且能限制工件的自由度的支承，称为辅助支承。（ ）

20. 定位基准需经加工，才能采用 V 形块定位。（ ）

三、选择题（将正确答案的代号填到括号内）

1. 在选择粗基准时，为保证加工表面与非加工表面的位置关系，应选（ ）作为粗基准。

A. 非加工表面　　B. 加工表面

C. 非加工表面和加工表面　　D. 非加工表面或加工表面

2. 精基准是用（ ）作为定位基准面。

A. 未加工表面　　B. 复杂表面

C. 切削量小的表面　　D. 加工后的表面

3. 轴类零件定位用的顶尖孔是属于（ ）。

A. 精基准　　B. 粗基准　　C. 互为基准　　D. 自为基准

4. 零件装夹中由于设计基准和（ ）基准不重合而产生的加工误差，称为基准不重合误差。

A. 工艺　　B. 测量　　C. 装配　　D. 定位

5. 车床主轴轴颈和锥孔的同轴度要求很高，因此常采用（ ）方法来保证。

A. 基准重合　　B. 互为基准　　C. 自为基准　　D. 基准统一

6. 在磨一个轴套时，先以内孔为基准磨外圆，再以外圆为基准磨内孔，这是遵循（ ）的原则。

A. 基准重合加工　　B. 基准统一加工

C. 互为基准加工　　D. 不同基准加工

7. 选择精基准时，有时可设法在零件上专门加工一组供工艺定位用的辅助基准，这一基准（ ）。

A. 符合基准重合加工

B. 便于互为基准加工

C. 便于统一基准加工

D. 使定位准确夹紧可靠，夹具结构简单，工件安装方便

8. 自为基准是以加工面本身为精基准，多用于精加工或光整加工工序，这种加工方法（　　）。

A. 仅能保证加工面的形状精度　　B. 仅能保证加工面的位置精度

C. 能保证加工面的尺寸和形状精度　　D. 能保证加工面的几何精度

9. 采用（　　）加工，可以提高生产率和保证被加工表面间的相互位置精度。

A. 统一基准　　B. 多工位　　C. 基准重合　　D. 互为基准

10. 不能提高零件被加工表面定位基准位置精度的定位方法是（　　）。

A. 基准重合　　B. 基准统一

C. 自为基准　　D. 基准不变

11. 基准重合原则是指使用被加工表面的（　　）基准作为精基准。

A. 设计　　B. 工序　　C. 测量　　D. 装配

12. 箱体类零件常采用（　　）作为统一精基准。

A. 一面一孔　　B. 一面两孔

C. 两面一孔　　D. 两面两孔

13. 自位支承增加了与工件接触的支撑数目，但（　　）。

A. 不起定位作用　　B. 可限制一个自由度

C. 可限制三个自由度　　D. 可限制两个自由度

14. 根据加工顺序中基面先行的原则，应先加工的是（　　）。

A. 选为精基准的面　　B. 选为粗基准的面

C. 没选为基准的面　　D. 面积最大的面

15. 当工件以一面两孔定位时，其中的削边销消除自由度为（　　）。

A. 不消除　　B. 两个　　C. 一个　　D. 任意

16. 加工套类零件的定位基准是（　　）。

A. 端面　　B. 外圆　　C. 内孔　　D. 外圆或内孔

17. 箱体零件加工的关键是（　　）。

A. 轴孔　　B. 平面　　C. 螺纹　　D. 同轴度

18. 粗基准应选择（　　）的表面。

A. 粗糙　　B. 平整光滑　　C. 已加工　　D. 复杂

19. 工件上有些表面要加工，有些表面不需要加工，选择粗基准时，应选择（　　）为粗基准。

A. 要加工的表面　　B. 不加工表面

C. 重要表面　　D. 任意表面

20. 尽可能选用（　　）的表面作为精基准。

A. 形状复杂　　B. 形状简单、尺寸小

C. 形状简单、尺寸较大　　D. 外形复杂而尺寸较大

21. 辅助支承限制（　　）自由度。

A. 0　　　　B. 1　　　　C. 2　　　　D. 3

22. 辅助基准限制（　　）自由度。

A. 1 个　　　　B. 2 个

C. 0 个　　　　D. 根据使用情况确定

23. 齿纹头支承钉适用于（　　）的侧面定位。

A. 外圆柱面　　　　B. 已加工平面

C. 毛坯面　　　　D. 侧平面

24. 工件定位时，粗基准用（　　）次。

A. 1　　　　B. 2　　　　C. 3　　　　D. 4

25. 浮动支承限制（　　）个自由度。

A. 0　　　　B. 1　　　　C. 2　　　　D. 3

26. 支承板用于已加工平面的定位，限制（　　）个自由度。

A. 2　　　　B. 12　　　　C. 9　　　　D. 0

27. 支承钉主要用于平面定位，限制（　　）个自由度。

A. 2　　　　B. 1　　　　C. 4　　　　D. 3

28. V 形架用于工件外圆定位，其中短 V 形架限制（　　）个自由度。

A. 1　　　　B. 6　　　　C. 2　　　　D. 4

29. V 形架用于工件外圆定位，其中长 V 形架限制（　　）个自由度。

A. 1　　　　B. 2　　　　C. 4　　　　D. 6

30. 定位套用于外圆定位，其中长套限制（　　）个自由度。

A. 4　　　　B. 6　　　　C. 2　　　　D. 0

31. 在铰孔和浮动镗孔等加工时都是遵循（　　）原则的。

A. 互为基准　　　　B. 自为基准　　　　C. 基准统一　　　　D. 基准重合

32. 任何零件的加工，总是先对（　　）进行加工。

A. 次要表面　　　　B. 紧固用的螺孔

C. 粗基准表面　　　　D. 精基准表面

33. 零件在加工过程中使用的基准称为（　　）。

A. 设计基准　　　　B. 装配基准　　　　C. 定位基准　　　　D. 测量基准

34. 套类零件以心轴定位车削外圆时，其定位基准面是（　　）。

A. 心轴外圆柱面　　　　B. 工件内圆柱面

C. 心轴中心线　　　　D. 工件孔中心线

35. 轴类零件以 V 形架定位时，其定位基准面是（　　）。

A. V 形架两斜面　　　　B. 工件外圆柱面

C. V 形架对称中心线　　　　D. 工件轴中心线

36. 必须保证所有加工表面都有足够的加工余量，保证零件加工表面和不加工表面之间具有一定的位置精度两个基本要求的基准称为（　　）。

A. 精基准　　　　B. 粗基准　　　　C. 工艺基准　　　　D. 辅助基准

37. 关于粗基准选择，下述说法中正确的是（　　）。

A. 粗基准选得合适，可重复使用

B. 为保证其重要加工表面的加工余量小而均匀，应以该重要表面作粗基准

C. 选加工余量最大的表面作粗基准

D. 粗基准的选择，应尽可能使加工表面的金属切除量总和最大

38. 磨削主轴内孔时，以支承轴颈为定位基准，其目的是使其与（　　）重合。

A. 设计基准　　B. 装配基准　　C. 定位基准　　D. 测量基准

39. 在车削中，以两顶尖装夹工件，可以限制工件的（　　）自由度。

A. 二个　　B. 三个　　C. 四个　　D. 五个

40. 用“一面两销”定位，两销指的是（　　）。

A. 两个短圆柱销　　B. 短圆柱销和短圆锥销

C. 短圆柱销和削边销　　D. 短圆锥销和削边销

41. 辅助支承的工作特点是（　　）。

A. 在定位、夹紧之前调整　　B. 在定位之后夹紧之前调整

C. 在定位、夹紧后调整　　D. 与定位、夹紧同时进行

42. 辅助支承是每加工（　　）工件要调整一次。

A. 一个　　B. 十个　　C. 一批　　D. 十批

四、名词解释

1. 粗基准

2. 精基准

3. 基准重合原则

4. 基准统一原则

5. 自为基准原则

6. 辅助基准

7. 自位支承

8. 辅助支承

五、简答题

1. 粗基准选择原则有哪些？

2. 精基准选择原则有哪些？

3. 数控机床对夹具有哪些要求？

4. 夹具主要由哪几部分组成？各部分的作用是什么？

第四节　加工余量与确定方法

一、填空题（将正确答案填写在横线上）

1. 加工余量是指加工过程中，所切去的金属层厚度。余量有________和________之分。

2. 相邻两工序的工序尺寸之差是________；毛坯尺寸与零件图的设计尺寸之差是________。

3. 由于工序尺寸有公差，实际切除的余量是一个变值，因此，工序余量分为________余量、________余量和________余量。

4. 为了便于加工，工序尺寸的公差一般按________原则标注，即被包容面的工序尺寸取________偏差为零；包容面的工序尺寸取________偏差为零；毛坯尺寸的公差一般采取________分布。

5. 加工余量有单边余量和双边余量之分，平面的加工余量则指________余量。

6. 确定加工余量的方法有________、________、分析计算法等。

7. 根据加工余量计算公式和一定的试验资料，对影响加工余量的各项因素进行综合分析和计算来确定加工余量的一种方法，称为________。

二、判断题（正确的打“√”，错误的打“×”）

1. 粗加工工序的加工余量用查表法确定。（　　）

2. 加工总余量是毛坯尺寸与零件图的设计尺寸之差，它等于各工序余量之和。（　　）

3. 在确定加工余量时，总加工余量和工序余量要分别确定。（　　）

4. 以生产实践和实验研究积累的有关加工余量的资料数据为基础，结合实际加工情况修正来确定加工余量的方法，称为经验估算法。（　　）

5. 在保证加工精度和加工质量的前提下，余量越大越好。（　　）

三、选择题（将正确答案的代号填到括号内）

1. 工序余量是（　　）。

A. 相邻两工序尺寸之差　　B. 加工过程中所切除的金属厚度

C. 毛坯尺寸与零件图设计尺寸之和　　D. 机械加工时切下的金属厚度

2. 单件小批生产时确定加工余量的方法是（　　）。

A. 查表修正法　　B. 经验估算法

C. 分析计算法　　D. 对比法

3. 回转体表面的加工余量是（　　）。

A. 对称余量　　B. 单边余量　　C. 工序余量　　D. 双边余量

4. 下面关于加工余量解释错误的是（　　）。

A. 加工余量是相邻两工序的工序尺寸之差

B. 加工余量是指加工过程中所切去的金属层厚度

C. 加工总余量是毛坯尺寸与零件图的设计尺寸之差

D. 加工总余量等于各工序余量之和

5. 毛坯尺寸的公差一般按（　　）标注。

A. 双向对称分布　　B. 取上偏差为零

C. 取下偏差为零　　D. 任何方式皆可

四、名词解释

1. 加工余量

2. 工序余量

3. 加工总余量

五、简答题

1. 确定加工余量的方法有哪些？

2. 确定加工余量的基本原则有哪些？

第五节 工序尺寸及其公差的确定

一、填空题（将正确答案填写在横线上）

1. 最后一道工序的公差按零件图上设计尺寸标注，中间工序尺寸公差按__________原则标注，毛坯尺寸公差按__________标注。

2. 最终工序基本尺寸等于零件图上的__________尺寸，其余工序基本尺寸等于后道工序基本尺寸加上或减去__________。

3. 在机器装配或零件加工过程中，互相联系且按一定顺序排列的封闭尺寸组合，称为__________。

4. 由单个零件在加工过程中的各有关工艺尺寸所组成的尺寸链，称为__________。

5. 工艺尺寸链具有以下两个特征：__________和__________。

6. 工艺尺寸链中间接得到的尺寸，称为__________。它的尺寸随着别的环的变化而变化。

7. 工艺尺寸链中除封闭环以外的其他环，称为__________。根据其对封闭环的影响不同，组成环又可分为__________和__________。

8. 增环是当其他组成环不变，该环增大（或减小），使封闭环随之__________的组成环。

9. 减环是当其他组成环不变，该环增大（或减小），使封闭环随之__________的组成环。

10. 封闭环的确定取决于__________和__________。

11. 工艺尺寸链的计算方法有两种：__________和概率法。生产中一般多采用__________。

12. 封闭环的基本尺寸等于所有________环的基本尺寸之和减去所有________环的基本尺寸之和。

13. 封闭环的最大极限尺寸等于所有增环的__________尺寸之和减去所有减环的__________尺寸之和。

14. 封闭环的最小极限尺寸等于所有增环的__________尺寸之和减去所有减环的__________尺寸之和。

15. 封闭环的公差等于所有________环的公差之和。

16. 角度尺寸链的解法，是将与封闭环不平行的尺寸按________环的方向进行投影，使之成为直线尺寸链的形式。

二、判断题（正确的打“√”，错误的打“×”）

1. 工序尺寸及其公差的确定，仅取决于设计尺寸、加工余量及各工序所能达到的经济精度，与其他条件无关。（　）

2. 当工序基准、测量基准、定位基准或编程原点与设计基准重合时，工序尺寸及其公

差直接由各工序的加工余量和所能达到的精度确定，其计算方法是由最后一道工序开始向前推算。（　　）

3. 一个工艺尺寸链中只有一个封闭环。（　　）

4. 一个工艺尺寸链中至少应有三个环。（　　）

5. 减环是当其他组成环不变，该环减小使封闭环随之减小的组成环。（　　）

6. 封闭环的最小极限尺寸等于所有增环的最大极限尺寸之和减去所有减环的最小极限尺寸之和。（　　）

7. 当组成尺寸链的尺寸较多时，一条尺寸链中封闭环可以有两个或两个以上。（　　）

8. 组成环是指尺寸链中对封闭环没有影响的全部环。（　　）

9. 尺寸链中，在其他组成环尺寸不变时，当增环尺寸增大，封闭环尺寸也增大。（　　）

10. 封闭环基本尺寸等于各组成环基本尺寸的代数和。（　　）

11. 封闭环的公差值一定大于任何一个组成环的公差值。（　　）

12. 当所有增环为最大极限尺寸时，封闭环获得最大极限尺寸。（　　）

13. 要提高封闭环的精确度，就要增大各组成环的公差值。（　　）

14. 用完全互换法解尺寸链能保证零部件的完全互换性。（　　）

15. 尺寸链按其尺寸性质可分为线性尺寸链和角度尺寸链。（　　）

三、选择题（将正确答案的代号填到括号内）

1. 如图2—1所示尺寸链，属于增环的有（　　）。

A. A_1　　B. A_2　　C. A_3　　D. A_4　　E. A_5

2. 如图2—1所示尺寸链，属于减环的有（　　）。

A. A_1　　B. A_2　　C. A_3　　D. A_4　　E. A_5

3. 如图2—2所示尺寸链，属于减环的有（　　）。

A. A_1　　B. A_2　　C. A_3　　D. A_4　　E. A_5

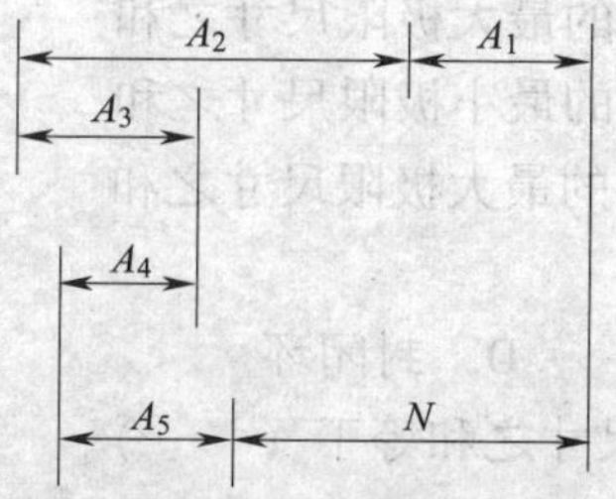

图2—1

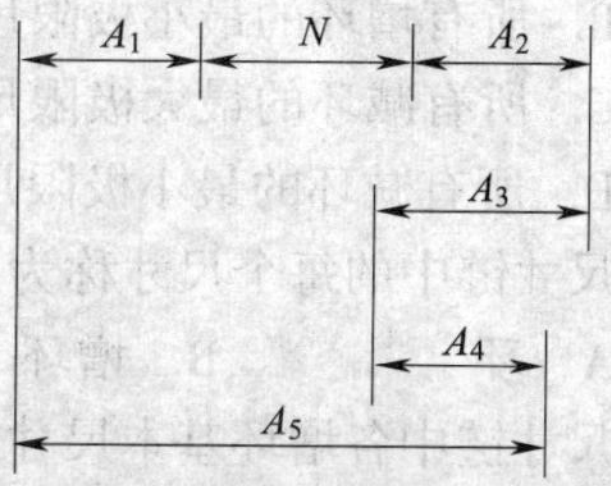

图2—2

4. 对于尺寸链封闭环的确定，下列论述正确的有（　　）。

A. 图样中未注尺寸的那一环　　B. 在装配过程中最后形成的一环

C. 精度最高的那一环　　D. 在零件加工过程中最后形成的一环

E. 尺寸链中需要求解的那一环

5. 如图2—3所示尺寸链，封闭环 N 合格的尺寸有（　　）。

A. 6.10 mm　　B. 5.90 mm　　C. 5.10 mm　　D. 5.70 mm　　E. 6.20 mm

6. 如图2—4所示尺寸链，封闭环 N 合格的尺寸有（　　）。

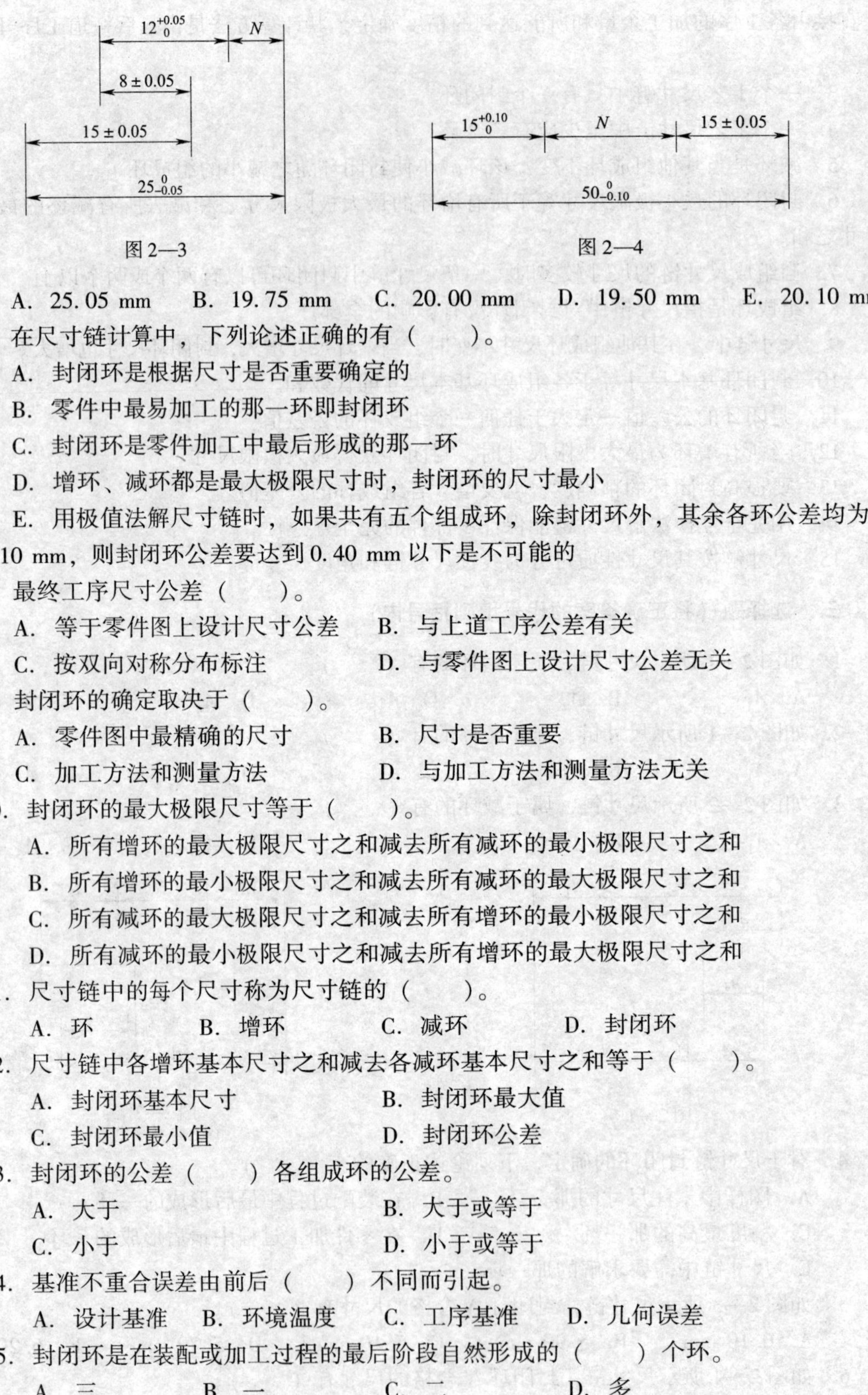

图 2—3　　　　　　　　图 2—4

A. 25.05 mm　　B. 19.75 mm　　C. 20.00 mm　　D. 19.50 mm　　E. 20.10 mm

7. 在尺寸链计算中，下列论述正确的有（　　）。

A. 封闭环是根据尺寸是否重要确定的

B. 零件中最易加工的那一环即封闭环

C. 封闭环是零件加工中最后形成的那一环

D. 增环、减环都是最大极限尺寸时，封闭环的尺寸最小

E. 用极值法解尺寸链时，如果共有五个组成环，除封闭环外，其余各环公差均为 0.10 mm，则封闭环公差要达到 0.40 mm 以下是不可能的

8. 最终工序尺寸公差（　　）。

A. 等于零件图上设计尺寸公差　　B. 与上道工序公差有关

C. 按双向对称分布标注　　D. 与零件图上设计尺寸公差无关

9. 封闭环的确定取决于（　　）。

A. 零件图中最精确的尺寸　　B. 尺寸是否重要

C. 加工方法和测量方法　　D. 与加工方法和测量方法无关

10. 封闭环的最大极限尺寸等于（　　）。

A. 所有增环的最大极限尺寸之和减去所有减环的最小极限尺寸之和

B. 所有增环的最小极限尺寸之和减去所有减环的最大极限尺寸之和

C. 所有减环的最大极限尺寸之和减去所有增环的最小极限尺寸之和

D. 所有减环的最小极限尺寸之和减去所有增环的最大极限尺寸之和

11. 尺寸链中的每个尺寸称为尺寸链的（　　）。

A. 环　　B. 增环　　C. 减环　　D. 封闭环

12. 尺寸链中各增环基本尺寸之和减去各减环基本尺寸之和等于（　　）。

A. 封闭环基本尺寸　　B. 封闭环最大值

C. 封闭环最小值　　D. 封闭环公差

13. 封闭环的公差（　　）各组成环的公差。

A. 大于　　B. 大于或等于

C. 小于　　D. 小于或等于

14. 基准不重合误差由前后（　　）不同而引起。

A. 设计基准　　B. 环境温度　　C. 工序基准　　D. 几何误差

15. 封闭环是在装配或加工过程的最后阶段自然形成的（　　）个环。

A. 三　　B. 一　　C. 二　　D. 多

16. (　　) 重合时，定位尺寸即是工序尺寸。

A. 设计基准与工序基准　　B. 定位基准与设计基准

C. 定位基准与工序基准　　D. 测量基准与设计基准

17. 封闭环的下偏差等于各增环的下偏差（　　）各减环的上偏差之和。

A. 之差加上　B. 之和减去　C. 加上　D. 之积加上

18. 一个批量生产的零件存在设计基准和定位基准不重合的现象，该工件在批量生产时（　　）。

A. 可以通过首件加工和调整使整批零件加工合格

B. 不可能加工出合格的零件

C. 不影响加工质量

D. 加工质量不稳定

四、名词解释

1. 尺寸链

2. 封闭环

3. 组成环

4. 增环

5. 减环

五、简答题

1. 基准重合时工序尺寸及其公差确定的具体步骤有哪些？

2. 什么是工艺尺寸链？工艺尺寸链具有哪两个特征？

六、计算题

1. 图 2—5 所示零件，a 图为零件图的部分要求，b 图为铣槽工序图（其他表面均已加工完毕）。试求工序尺寸 H 为多少？

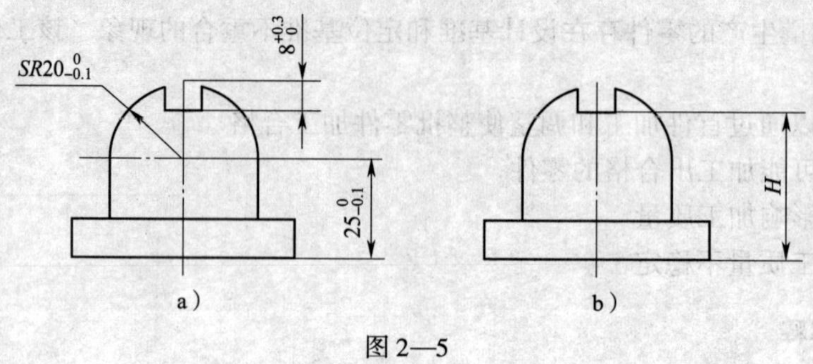

图 2—5

2. 图 2—6a 所示为某零件的轴向尺寸要求，图 2—6b、c 为最后两道工序的工序图。试标注尺寸 L_1、L_2 和 L_3。

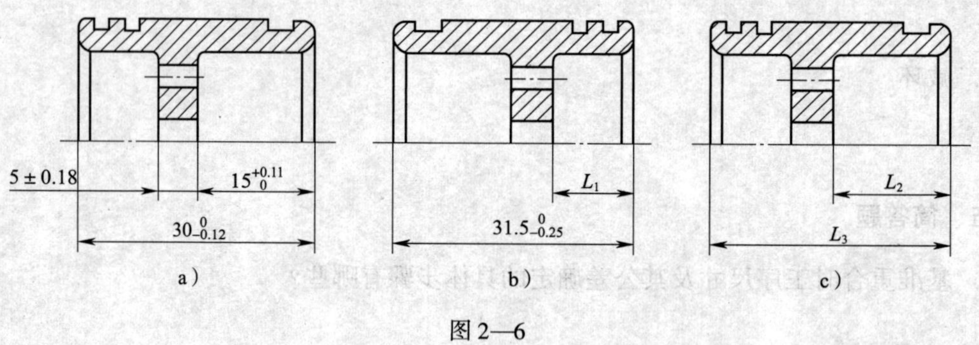

图 2—6

3．如图 2—7 所示，a 图为零件的部分要求，b、c 图为工艺过程中最后两道工序。试确定 H_1、H_2和 H_3的数值。

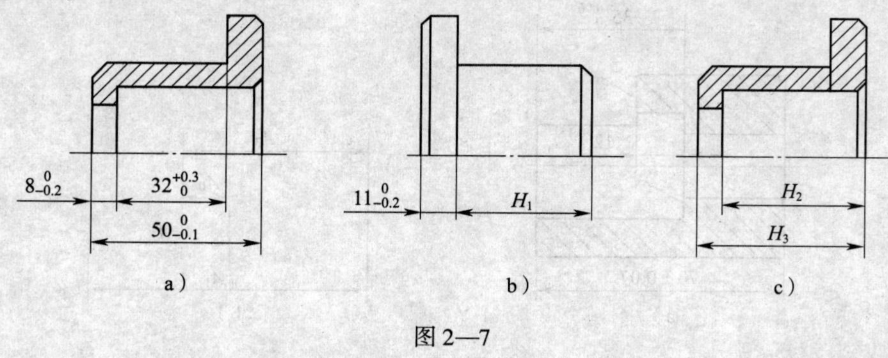

图 2—7

4．如图 2—8 所示零件，$A_1=70^{-0.02}_{-0.07}$，$A_2=60^{\ 0}_{-0.04}$，$A_3=20^{+0.19}_{\ 0}$。因 A_3不便测量，试求出测量尺寸 A_4及其公差。

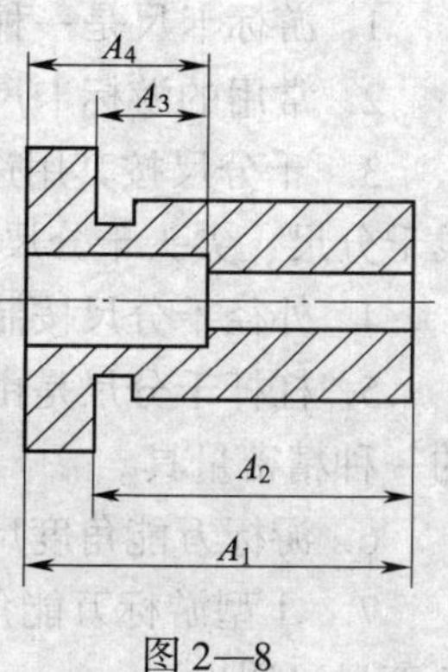

图 2—8

5. 如图 2—9 所示套筒，需要以端面 A 定位加工缺口，试计算尺寸 A_3 及其公差。

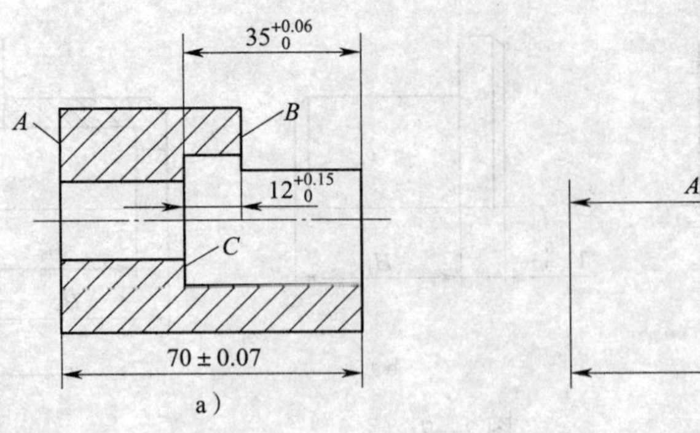

图 2—9

第六节　数控加工用量具简介

一、填空题（将正确答案填写在横线上）

1. 游标卡尺是一种较精密的量具，利用__________和尺身相互配合进行测量和读数。

2. 常用的游标卡尺有：三用游标卡尺、____________游标卡尺和单面量爪游标卡尺。

3. 千分尺按其用途和结构可分为：外径千分尺、________千分尺、深度千分尺、公法线千分尺、尖头千分尺、壁厚千分尺等。

4. 外径千分尺按制造精度可分为 0 级和 1 级两种，_____级最高，_____级次之。

5. 杠杆千分尺是由外径千分尺的____________部分和杠杆式卡规中指示机构组合而成的一种精密量具。

6. 游标万能角度尺是利用____________原理进行读数的一种角度量具。

7. Ⅰ型游标万能角度尺可以测量________________范围内的任何角度，Ⅱ型游标万能角度尺可测出________________范围内的各种角度。

8. 正弦规是利用三角中____________关系来计算测量角度的一种精密量具，主要用于检验外锥面。

9. 用百分表测量平面时，测量杆要与被测平面____________，否则不仅测量误差大，而且会使测量杆卡住不能移动，造成百分表损坏。

10. 千分表的外形及工作原理与百分表相似，但测量精度较高，读数精度一般有________ mm 和________ mm 两种。

二、判断题（正确的打“√”，错误的打“×”）

1. 外径千分尺按制造精度可分为 0 级和 1 级两种，其中 1 级最高。（　　）

2. 游标卡尺的读数是长度单位值，而游标万能角度尺的读数是角度单位值。（　　）

3. Ⅰ型游标万能角度尺的读数方法与游标卡尺相似，其读数步骤为：先读分，再读度，最后将两数值相加得到整个读数。（　　）

4. Ⅱ型游标万能角度尺可测出 0°～360°范围内的各种角度。（　　）

5. 用百分表测量圆柱形工件时，测量杆的中心线要垂直地通过被测工件的中心线。（　　）

6. 为了保持一定的起始测量力，千分表测头与工件接触时，测杆应有 0.3～0.5 mm 的压缩量。（　　）

三、选择题（将正确答案的代号填到括号内）

1. 精度为 0.02 mm 的游标卡尺，游标上的 50 格与尺身上的（　　）mm 对齐。

A. 51　　B. 49　　C. 50　　D. 41

2. 游标卡尺属于（　　）类测量器具。

A. 游标　　B. 螺旋测微　　C. 机械量仪　　D. 光学量仪

3. 外径千分尺在使用时必须（　　）。

A. 旋紧止动销　　B. 对零线进行校对

C. 扭动活动套管　　D. 不旋转棘轮

4. 千分尺不能测量（　　）工件。

A. 固定　　B. 外回转体　　C. 旋转中的　　D. 精致的

5. 用量具测量读数时，目光应（　　）量具的刻度。

A. 垂直于　　B. 倾斜于　　C. 平行于　　D. 任意

6. 测量直径为 $\phi25\pm0.015$ mm 的轴颈，应选用的量具是（　　）。

A. 游标卡尺　　B. 杠杆百分表

C. 内径千分尺　　D. 外径千分尺

7. 测量轴直线度偏差的常用量具是（　　）。

A. 外径千分尺　　B. 千分表　　C. 钢板尺　　D. 游标卡尺

8. 千分尺的活动套筒转动一格，测微螺杆移动（　　）mm。

A. 0.1　　B. 1　　C. 0.01　　D. 0.001

四、简答题

1. 千分表的使用和注意事项有哪些？

2．简述便携式表面粗糙度测量仪的工作原理。

第七节　机械加工精度及表面质量

一、填空题（将正确答案填写在横线上）

1．零件的加工质量包括____________和____________两个方面内容。

2．零件加工后的几何参数与理想零件几何参数相符合的程度称为____________，它们之间的偏离程度则为____________。

3．加工精度包括____________精度和____________精度，后者包括形状、方向、位置和跳动精度。

4．形状精度限制加工表面的____________误差，位置精度限制加工表面与其基准间的____________误差。

5．机械加工表面质量包括表面层的____________偏差和表面层的______和______性能。

6．表面层的几何形状偏差包括表面粗糙度和________________。

7．表面层因加工中塑性变形而引起的表面层硬度提高的现象，称为____________。

8．零件的耐磨性不仅和材料及热处理有关，而且还与零件接触表面的____________有关。

9．由机床、夹具、工件和刀具所组成的一个完整的系统称为________系统。

10．根据工艺系统误差的性质可将其归纳为工艺系统的________误差、工艺系统受力变形引起的误差、工艺系统受热变形引起的误差及工件内应力所引起的误差。

11．工艺系统的几何误差包括加工方法的________误差、机床的几何误差、调整误差、刀具和夹具的________误差、工件的装夹误差以及工艺系统磨损所引起的误差。

12．主轴的回转误差主要包括主轴的径向圆跳动、____________和摆动。

13．机床主轴的回转精度是机床主要精度指标之一，其在很大程度上决定着工件加工表面的________精度。

14．当数控车床床身导轨在水平面内出现弯曲（前凸）时，工件上产生____________形；当床身导轨与主轴轴心在水平面内不平行时，工件上会产生________形；而当床身导轨与主轴轴心在垂直面内不平行时，工件上会产生________形。

15．数控车床导轨的____________方向为误差敏感方向，而____________方向为误差非敏感方向。

16．车削细长轴时，在切削力的作用下，工件因弹性变形而出现让刀现象使工件产生__________形的圆柱度误差。

17．影响工艺系统热变形的因素主要有__________、刀具、工件。

18. 内应力是工件在加工过程中其内部宏观或微观组织因发生了不均匀的__________变化而产生的。

19. 影响表面粗糙度的工艺因素主要有____________、____________、刀具几何参数及切削液等。

20. 在_____速切削塑性材料时，由于容易产生积屑瘤，且塑性变形较大，因此加工后零件表面粗糙度值较大。

二、判断题（正确的打“√”，错误的打“×”）

1. 加工误差越大，加工精度越低。（　　）

2. 直线度属于位置精度，垂直度属于形状精度。（　　）

3. 零件表面周期性的几何形状误差称为粗糙度，零件表面的微观几何形状误差称为波纹度。（　　）

4. 零件表面粗糙度值越大，磨损越快；表面粗糙度值越小，磨损越小。（　　）

5. 残余拉应力可以延缓疲劳裂纹的扩展，可提高零件的疲劳强度。（　　）

6. 加工过程中，工件与刀具的相对位置决定了零件加工的尺寸、形状和位置。（　　）

7. 机床主轴的回转精度在很大程度上决定着工件加工表面的形状精度。（　　）

8. 机床主轴的摆动仅给工件造成工件尺寸误差，对形状误差无影响。（　　）

9. 数控车床导轨在水平面和垂直面内的几何误差对加工精度的影响程度是相同的。（　　）

10. 数控车床导轨的垂直方向为误差敏感方向，水平方向为误差非敏感方向。（　　）

11. 如果原始误差所引起的刀具与工件间的相对位移产生在加工表面的法线方向，则对加工精度构成直接影响。（　　）

12. 一般来说，工艺系统抵抗变形的能力越大，加工误差就越小。（　　）

13. 一般韧性较大的塑性材料加工后表面粗糙度值较大，而韧性较小的塑性材料加工后易得到较小的表面粗糙度值。（　　）

14. 进给量越大，残留面积高度越高，零件表面越粗糙。（　　）

15. 切削塑性材料时，为避免积屑瘤的产生，常采用中速或高速进行切削。（　　）

16. 在进给量一定的情况下，减小主偏角和副偏角或增大刀尖圆弧半径可减小表面粗糙度值。（　　）

三、选择题（将正确答案的代号填到括号内）

1. （　　）不属于位置精度。

A. 平面度　　B. 平行度　　C. 垂直度　　D. 同轴度

2. （　　）不属于加工精度。

A. 圆度　　B. 平行度　　C. 粗糙度　　D. 直线度

3. 实验表明，零件最佳表面粗糙度 *Ra* 值大致为（　　）μm 时，磨损最小。

A. 0.01 ~ 0.1　　B. 1.2 ~ 3.6　　C. 0.1 ~ 0.3　　D. 0.3 ~ 1.2

4. （　　）误差是造成主轴轴向窜动的原因。

A. 推力轴承端面滚道的跳动　　B. 轴承滚道的形状误差

C. 轴与孔安装后不同心以及滚动体误差　　D. 轴颈与轴孔圆度不高

5. 生产实际中，(　　) 能够减小工艺系统的弹性变形。

A. 增大接触面间的粗糙度　　B. 减小接触面积

C. 适当预紧　　D. 增大接触变形

6. 主轴的轴向窜动和径向跳动会引起 (　　)。

A. 机床导轨误差　　B. 夹具制造误差

C. 调整误差　　D. 主轴回转运动误差

7. 以下平面中精度和表面质量要求最低的是 (　　)。

A. 非配合平面　　B. 配合平面　　C. 端平面　　D. 导向平面

8. 衡量平面质量的两个主要方面是 (　　)。

A. 平面度和表面粗糙度　　B. 平行度和垂直度

C. 表面粗糙度和垂直度　　D. 平面度和平行度

9. 平面的表面质量指平面的粗糙度、表层硬度及 (　　)。

A. 形状误差　　B. 尺寸误差　　C. 波度　　D. 位置误差

10. 平面的形状精度是指平面本身的 (　　) 公差。

A. 对称度　　B. 垂直度　　C. 平行度　　D. 平面度

四、名词解释

1. 加工精度

2. 加工误差

3. 表面粗糙度

4. 表面波纹度

5. 冷作硬化

6. 内应力

五、简答题

1. 主轴的回转误差主要有哪几种？造成这些误差的原因有哪些？

2. 改善工艺系统受力变形的有效措施有哪些？

3. 对机床的热变形构成影响的因素主要有哪些？

4. 影响表面粗糙度的工艺因素主要有哪些？常用的改善措施有哪些？

第八节　数控加工工艺文件

一、填空题（将正确答案填写在横线上）

1. 数控加工工艺文件主要包括数控加工编程任务书、____________、工件安装和零点设定卡、________________________、数控加工程序单等。

2. 数控加工编程任务书记载并说明了工艺人员对______________________的技术要求、工序说明和数控加工前应保证的加工余量，是编程员与工艺人员协调工作和编制数控程序的重要依据之一。

3．数控刀具调整单主要包括____________________和数控刀具明细表两部分。

4．刀具卡主要反映刀具________、刀具________、尾柄规格、组合件名称代号、刀片型号和材料等，它是组装刀具和调整刀具的依据。

5．数控加工零件安装和零点设定卡，标明了数控加工零件的________方法和________方法，也标明了工件零点设定的位置和坐标方向，使用夹具的名称和编号等。

6．在数控加工中，刀具相对于零件运动的轨迹称为____________。

7．数控加工程序单是记录________________过程、工艺参数、位移数据的清单，以及手动数据输入和置备控制介质、实现数控加工的主要依据。

二、简答题

常见的数控加工工艺文件有哪些？

第三章　数控车削加工工艺

第一节　零件在数控车床上的装夹

一、填空题（将正确答案填写在横线上）

1. ____________卡盘是车床上最常用的自定心夹具，____________卡盘适用于装夹形状不规则或大型的工件。

2. ____________顶尖装夹适用于带孔工件，孔径大小应在顶尖允许的范围内。

3. 三爪自定心卡盘或四爪单动卡盘配合____________装夹适用于加工曲轴等较长的异形轴类工件。

4. ____________装夹适用于孔与外圆同轴度要求较高的工件外圆车削。

5. ____________装夹适用于具有矩形花键或渐开线花键孔的齿轮和其他工件。

二、简答题

零件在数控车床上常用的装夹方法有哪些？

第二节　可转位刀片及数控车削用刀具系统

一、填空题（将正确答案填写在横线上）

1. 我国可转位刀片的型号，是在国际标准规定的9个号位之后，加一短横线，再用一个字母和一位数字表示刀片____________型式和____________。

2. 按照规定，任何一个型号可转位刀片都必须用前____________个号位，后________个号位在必要时才使用。

3. 可转位刀片型号中的第四位表示刀片____________方式及有无断屑槽。

4. 国家标准把机夹可转位车刀夹紧方式规定为4种：上压式、杠杆式、螺钉式和复合式，标准代号 C 代表____________，标准代号 S 代表____________，标准代号 P 代表____________，标准代号 M 代表____________。

5. 车刀刀片的材料主要有高速钢、________________、________________、陶瓷、立方氮化硼和金刚石等。

6. 按化学成分不同，高速钢可分为普通高速钢及____________高速钢。

7. 陶瓷刀具适用于加工冷硬铸铁和____________。陶瓷刀具最大的缺点是____________、抗弯强度和冲击韧度低、热导率差。

8. 立方氮化硼刀具有很好的____________，可以高速切削高温合金，切削速度要比硬质合金高 3 ~ 5 倍。

9. 金刚石刀具有天然金刚石刀具、____________金刚石（PCD）刀具和复合金钢石刀片三类。

10. 刀具表面涂层技术是在普通高速钢和硬质合金刀片表面，采用__________气相沉积或__________气相沉积的工艺方法，涂覆一薄层（约 5 ~ 12 μm）高硬度难熔金属化合物。

11. TiN 涂层易于沉积和控制，涂层可涂得较厚（8 ~ 12 μm），涂层呈__________色。

12. 选择刀片材料，主要依据__________________、被加工表面的精度要求、切削载荷的大小以及切削过程中有无冲击和振动等。

13. 车刀刀片尺寸的大小取决于必要的______________长度。

14. 车刀刀片形状主要依据被加工工件的表面形状、____________、刀具寿命和刀片的转位次数等因素来选择。

15. 车刀刀尖圆弧半径的大小直接影响刀尖的__________及被加工零件的表面粗糙度。刀尖圆弧半径增大，则表面粗糙度值__________。

16. 数控车床的刀具系统，常用的有两种形式，一种是__________式，另一种是圆柱齿条式。

17. 杠销式装夹结构是应用__________原理，顶压螺钉使杠销下端受力后绕中部台阶球面接触点摆动，把刀片压紧在刀槽中。

二、判断题（正确的打“√”，错误的打“×”）

1. 我国可转位刀片的型号与国际标准相同，共用 9 个号位的内容来表示主要参数的特征。（ ）

2. 按照规定，任何一个型号可转位刀片都必须用前 8 个号位。（ ）

3. 可转位刀片型号中的第三位表示刀片形状。（ ）

4. 上压式可转位车刀的标准代号为 S。（ ）

5. 在立装刀片的车刀上常采用钩销式装夹结构。（ ）

6. 杠杆式装夹结构简单，夹紧可靠，切削力与夹紧力方向一致，多采用不带固定孔的刀片。（ ）

7. 上压式装夹定位精度高，夹紧可靠，能迅速使刀片转位或更换，排屑方便。（ ）

8. 通常在切深较小的精加工、细长轴加工、机床刚度较差的情况下，选用刀尖圆弧应大些。（ ）

9. 刀尖圆弧半径一般适宜选取进给量的 2 ~ 3 倍。（　　）

10. 在需要刀刃强度高、工件直径大的粗加工中，选用刀尖圆弧大些。（　　）

11. 硬质合金刀具适用于加工冷硬铸铁和淬火钢。（　　）

12. Sialon 陶瓷是迄今陶瓷刀具材料中强度最高的材料。（　　）

13. 金刚石刀具适用于加工钢铁类材料。（　　）

14. 硬质合金刀片在涂覆后强度和韧性都有所下降，不适合重负荷或冲击大的粗加工，也不适合高硬材料的加工。（　　）

15. 金刚石薄膜涂层刀具适宜加工铝合金、铜合金、石墨、陶瓷预烧体等材料，不适宜加工铁基材料、钛合金、硬质陶瓷等材料。（　　）

三、选择题（将正确答案的代号填到括号内）

1. 我国可转位刀片的型号，共用（　　）个号位的内容来表示主要参数的特征。

A. 1　　B. 3　　C. 9　　D. 10

2. 可转位刀片型号中的第一位表示（　　）。

A. 精度等级　　B. 切削刃形状　　C. 刀片形状　　D. 刀片切削形状

3. 机夹可转位车刀，刀片转位更换迅速、夹紧可靠、排屑方便、定位精确，综合考虑，采用（　　）形式的夹紧机构较为合理。

A. 螺钉上压式　　B. 杠杆式　　C. 偏心销式　　D. 楔销式

4. 机夹可转位车刀的刀具几何角度是由（　　）形成的。

A. 刀片的几何角度　　B. 刀槽的几何角度

C. 刀片与刀槽几何角度　　D. 刃磨

5. 可转位车刀刀片尺寸大小的选择取决于（　　）。

A. 背吃刀量和主偏角　　B. 进给量和前角

C. 切削速度和主偏角　　D. 背吃刀量和前角

6. 目前工具厂制造的 45°、75°可转位车刀多采用（　　）刀片。

A. 正三边形　　B. 凸三边形　　C. 棱形　　D. 正四边形

7. 机夹车刀刀片常用的材料有（　　）。

A. T10A　　B. W18Cr4V　　C. 硬质合金　　D. 金刚石

8. 机械加工选择刀具时一般应优先采用（　　）。

A. 标准刀具　　B. 专用刀具　　C. 复合刀具　　D. 都可以

9. 自动线、数控车床主要采用的是（　　）车刀。

A. 焊接式　　B. 镶嵌式机夹可转位

C. 整体式　　D. 机夹重磨

10. 采用机械夹固式可转位车刀可以缩短辅助时间，主要减少了（　　）时间。

A. 装刀时间　　B. 测量检验　　C. 回转刀架　　D. 开车停车

11. 不能用于加工碳钢的刀具是（　　）。

A. 高速钢刀具　　B. 陶瓷刀具

C. 立方氮化硼刀具　　D. 金刚石刀具

四、简答题

1. 车削加工中，如何选择可转位刀片？

2. 数控车床常用的刀具系统有哪几种形式？各有何特点？

3. 我国机夹可转位刀片十个号位表示什么？

4. 我国机夹可转位刀片的夹紧方式分为哪几种？

5. 车刀刀片的材料主要有哪些？

第三节　数控车削的孔加工刀具

一、填空题（将正确答案填写在横线上）

1. 孔加工刀具按照其用途可分为两类：一类是________，它主要用于在实心材料上钻孔；另一类是对已有孔进行再加工的刀具，如________、铰刀及镗刀等。

2. 麻花钻主要由________部分和柄部组成，前者包括切削部分和导向部分。

3. 按照材质分类，麻花钻有两种：________麻花钻和________麻花钻。

4. 根据柄部不同，麻花钻有莫氏锥柄和圆柱柄两种；直径为 8 ~ 80 mm 的麻花钻多为________；直径为 0.1 ~ 20 mm 的麻花钻多为________。

5. 麻花钻的切削部分有____个主切削刃、____个副切削刃和____个横刃。

6. 麻花钻导向部分起______、______、排屑和输送切削液作用，也是切削部分的后备。

7. 标准扩孔钻一般有______条主切削刃，切削部分的材料为高速钢或硬质合金。

8. 通用标准铰刀有直柄、锥柄和套式三种。______铰刀直径为 $\phi10 \sim \phi32$ mm，______铰刀直径为 $\phi6 \sim \phi20$ mm，______铰刀直径为 $\phi25 \sim \phi80$ mm。

9. 铰刀工作部分包括切削部分与______部分。切削部分为_____形，担负主要切削工作；后者的作用是校正孔径、修光孔壁和导向。

10. 根据不同的加工情况，内孔车刀可分为通孔车刀和______车刀两种。

11. 铰刀切削部分的主偏角为______，前角一般为_____，后角一般为 $5° \sim 8°$。校准部分的作用是校正孔径、修光孔壁和导向。

二、判断题（正确的打“√”，错误的打“×”）

1. 扁钻常用于对已有孔进行再加工。（　）

2. 选用麻花钻时，应尽量选用较长的麻花钻。（　）

3. 麻花钻两个螺旋槽是切屑流经的表面，为后面。（　）

4. 麻花钻的前面与主后面的交线为主切削刃，前面与副后面的交线为副切削刃，两个主后面的交线为横刃。（　）

5. 麻花钻主切削刃上各点的前角、后角是变化的。（　）

6. 扁钻与麻花钻相同，也有螺旋槽。（　）

7. 扩孔钻无麻花钻的横刃，加之刀齿多，所以导向性好，切削平稳，加工质量和生产率都比麻花钻高。（　）

8. 铰刀圆柱部分保证铰刀直径和便于测量，倒锥部分可减少铰刀与孔壁的摩擦和减小孔径扩大量。（　）

9. 麻花钻的两个螺旋槽是切屑流经的表面，为前面；与工件过渡表面（即孔底）相对的端部两曲面为主后面。（　）

10. 麻花钻具有两个横刃。（　）

11. 麻花钻的主切削刃上各点的前角、后角是不变的。 ( )

12. 麻花钻的工作部分应大于孔深，以便排屑和输送切削液。 ( )

13. 扁钻没有螺旋槽。 ( )

14. 麻花钻螺旋槽的作用是构成切削刃、排出切屑和通切削液。 ( )

15. 深孔钻在结构和几何角度上解决好冷却、排屑、导向、刚性问题是保证深孔加工质量的关键。 ( )

16. 用可转位刀片钻孔时的钻孔速度可以比高速钢麻花钻的钻孔速度高许多。 ( )

17. 一般来说，镗孔时应该选择最长的镗刀杆。 ( )

18. 镗刀杆标识中的第一位标识了镗刀杆类型。 ( )

三、选择题（将正确答案的代号填到括号内）

1. 标准麻花钻横刃斜角一般为（ ）。

A. 50°~55° B. 20°~25° C. 30°~35° D. 40°~45°

2. 麻花钻的横刃与主切削刃在端面上投影的夹角称为（ ）。

A. 横刃斜角 B. 顶角 C. 主偏角 D. 副偏角

3. 麻花钻的两条主切削刃在与其平行的平面内投影的夹角为（ ）。

A. 横刃斜角 B. 顶角 C. 主偏角 D. 副偏角

4. 标准麻花钻的顶角是（ ）。

A. 50° B. 55° C. 118° D. 180°

5. 内排屑深孔钻加工时（ ）。

A. 切削液从刀杆和切削部分进入，从而将切屑经刀杆冲排出来

B. 切削液从刀杆内的孔进入，从而将切屑经刀杆与孔壁的空隙排出

C. 切削液从刀杆与孔壁的空隙进入，从而将切屑经钻头前端的排屑孔冲入刀杆内部排出

D. 切削液从排屑孔进入，从而将切屑从孔底排出

6. 标准铰刀有（ ）个齿。

A. 1 B. 4~12 C. 20~30 D. 不能确定

7. 车孔的关键技术是解决（ ）问题。

A. 车刀的刚性 B. 排屑

C. 车刀的刚性和排屑 D. 冷却

8. 盲孔车刀用来车削盲孔或台阶孔，它的主偏角一般为（ ）。

A. 60°~75° B. 70°~75° C. 75°~85° D. 92°~95°

9. 在车床上钻深孔，由于钻头刚性不足，钻削后（ ）。

A. 孔径变大，孔中心线不弯曲 B. 孔径不变，孔中心线弯曲

C. 孔径变大，孔中心线平直 D. 孔径不变，孔中心线不变

10. 在数控车床上加工尺寸精度为 H6~H7、$D \leqslant 5$ mm、$Ra1.6$ μm 的小孔，最后应选择（ ）进行加工。

A. 麻花钻 B. 扩孔钻 C. 铰刀 D. 镗孔刀

四、简答题

1．列举数控车削常用的孔加工刀具。

2．指出图 3—1 中麻花钻各几何要素的名称。

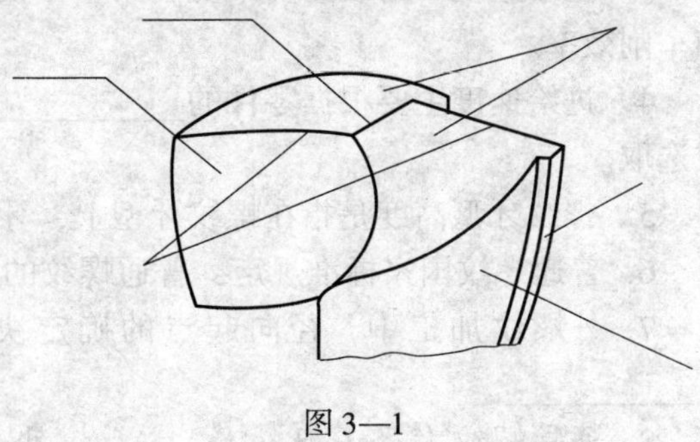

图 3—1

3．简述喷吸钻的工作原理。

4．镗刀杆标识中包含了哪些内容？

第四节　数控车削切削用量的确定

一、填空题（将正确答案填写在横线上）

1. 背吃刀量根据__________、工件和刀具的刚度来确定。在刚度允许的条件下，应尽可能使背吃刀量等于__________________，这样可以减少进给次数，提高生产效率。

2. 车削加工主轴转速 n 应根据允许的切削速度 v 和工件直径 d 来选择，按式______________计算。

3. 进给速度 v_f 是数控机床切削用量中的重要参数，其大小直接影响______________和车削效率。

4. 进给速度主要根据零件的__________和表面粗糙度要求以及刀具、工件的材料性质选取。

5. 螺纹牙型高度是指在螺纹牙型上，牙顶到_______之间垂直于螺纹轴线的距离。

6. 普通螺纹国家标准规定，普通螺纹的牙型理论高度 $H=$__________。

7. 外螺纹加工中，径向起点的确定决定于__________；径向终点的确定决定于__________。

8. 通常螺纹大径 D 比__________小 $0.12P$，螺纹小径根据公式__________来确定。

二、判断题（正确的打“√”，错误的打“×”）

1. 在切断、加工深孔或用高速钢刀具加工时，宜选择较低的进给速度。（　　）
2. 螺纹牙型高度即为车削时车刀总切入深度。（　　）
3. 螺纹实际牙型高度可按公式 $h=0.6495P$ 计算。（　　）
4. 对大多数材料而言，材料越软，设定的螺纹切削次数就应该越少。（　　）
5. 粗车时选择切削用量的顺序是：切削速度、进给量、背吃刀量。（　　）
6. 精加工时应选择较小的进给量。（　　）

三、选择题（将正确答案的代号填到括号内）

1. 切削速度 v 的单位为（　　）。

A. m/min　　B. mm/min　　C. mm/r　　D m/r

2. 切削用量就是（　　）。

A. 背吃刀量　　B. 切削速度、背吃刀量、进给量
C. 加工余量、背吃刀量　　D. 加工余量、转速

3. 粗车时选择车削用量的原则是：一般（　　），最后确定一个合适的切削速度。

A. 应首先选择尽可能大的背吃刀量，其次选择较大的进给量
B. 应首先选择尽可能小的背吃刀量，其次选择较大的进给量
C. 应首先选择尽可能大的背吃刀量，其次选择较小的进给量

D. 应首先选择尽可能小的背吃刀量，其次选择较小的进给量

4. 精车时的切削用量，一般是以（　　）为主。

A. 提高生产率　　B. 降低切削功率

C. 保证加工质量　　D. 提高表面质量

5. 使表面粗糙度值增大的主要因素为（　　）。

A. 进给量大　　B. 背吃刀量小

C. 高速　　D. 前角

四、简答题

1. 数控车削时切削用量如何确定？

2. 车削螺纹时切削用量如何确定？

3. 确定数控车削进给速度应遵循什么原则？

第五节　典型轮廓的数控车削工艺

一、填空题（将正确答案填写在横线上）

1. 右偏刀是车刀从车床____________向____________方向进给的车刀，一般用来车削工件的外圆、端面和右向台阶。

2. 左偏刀是车刀从车床____________向____________方向进给的车刀，一般用来车削左向台阶和工件的外圆。

3. 用右偏刀车削台阶时，必须使车刀的____________跟工件轴线之间的夹角安装后要等于或大于90°，否则车出来的台阶面与工件轴线不垂直。

4. 用右偏刀车削端面时，若车刀由工件的外缘向中心进给，则是____________切削。当背吃刀量 a_p 较大时，切削力会使车刀扎入工件而形成______面。

5. 切断刀以横向进给为主，前端的切削刃为__________，两侧的切削刃为__________。

6. 在车较窄的外沟槽时，车槽刀的主切削刃宽度应与________相等，刀头长度稍大于槽深。

7. 通常把大于一个切槽刀宽度的槽称为宽槽，在切削宽槽时常采用________的方式进行粗切，然后用精切槽刀沿槽的一侧切至槽底，精加工槽底至槽的另一侧面，并对其进行精加工。

8. 安排轴套类零件进给路线的原则是________________________，安排轮盘类零件进给路线的原则是________________________。

9. 螺纹按牙型分，主要有__________形、______形、梯形、锯齿形等几种。车削前应将刀头磨成与螺纹牙型相同的形状。

10. 车削螺纹必须通过主轴的________________功能实现，即车削螺纹需要有主轴脉冲发生器。

11. 多头螺纹的加工可以采用________________偏移法或________________偏移法。

12. 轴向起始点偏移法车多头螺纹时，不同螺旋线在轴向错开____________位置切入。

13. 当螺纹收尾处没有退刀槽时，可按____________度退刀收尾。

14. 精车时，螺纹车刀的纵向前角应等于______度；粗车时，螺纹车刀允许有__________度的纵向前角。

15. 因受螺纹升角的影响，螺纹车刀两侧面的静止后角应刃磨得不相等，进给方向的后角较大，一般应保证两侧面均有____________度的工作后角。

二、判断题（正确的打"√"，错误的打"×"）

1. 75°车刀的主偏角为75°，刀尖角大于90°。（　）

2. 当车刀刀尖高于工件轴线时，会使后角增大。（　）

3. 当车刀刀尖低于工件轴线时，会使前角减小。（　）

4. 车端面时，车刀的刀尖要对准工件的中心，否则车削后工件端面中心处会留有凸头。（　）

5. 45°车刀的刀头强度和散热条件比90°车刀好。（　）

6. 用偏刀车端面时，采用从中心向外圆进给，不会产生凹面。（　）

7. 如果车削相邻两个直径相差较大的台阶，可先用主偏角小于90°的车刀粗车，再把90°偏刀的主偏角装成93°～95°，分几次进给。（　）

8. 安装切断刀时，切断刀不宜伸出过长，同时切断刀的中心线必须跟工件中心线垂直，以保证两个副偏角对称。（　）

9. 安装内孔车刀时，刀尖应与工件中心等高或稍高。（　）

10. 为控制切屑流向待加工表面，加工通孔时，采用负刃倾角的内孔车刀；加工盲孔时，应采用正的刃倾角。（　）

11. 车螺纹时，应保证工件转一圈，车刀相应地在轴向移动一个螺距或一个导程。（　）

12. 螺纹车刀的刀尖角一定要小于螺纹的牙型角。（　）

13. 主偏角等于90°的车刀一般称为偏刀。（　）

14. 90°车刀，主要用来车削工件的外圆、端面和台阶。（　）

15. 用偏刀车削外圆时，作用于工件轴向的切削力较小，不容易顶弯工件。（ ）

16. 45°车刀常用于车削工件的端面和45°倒角，也可以用来车削外圆。（ ）

17. 螺纹车刀装得过高或过低，不影响加工质量。（ ）

18. 切断实心工件时，工件半径应小于切断刀刀头长度。（ ）

19. 切断实心工件时，切断刀必须装得跟工件轴线等高。（ ）

20. 螺纹车刀装夹时，车刀刀尖的中心线必须与工件轴线严格保持垂直，否则会产生牙型歪斜。（ ）

21. 车削多头螺纹时，根据螺纹的导程和旋向，螺纹车刀的左右两侧刃应选择不同角度的后角。（ ）

22. 车螺纹时产生“扎刀”和顶弯工件的主要原因是车刀径向前角太小，工件刚性较差。（ ）

23. 梯形螺纹车刀的安装，必须使直接切削刃位于通过被加工工件轴线的水平面上，并使车刀中心线与工件轴线垂直。（ ）

24. 加工多头螺纹时，加工完一条螺纹后，加工第二条螺纹的起刀点应和第一条螺纹的起刀点相隔一个导程。（ ）

25. 车削内螺纹时，若车刀刀杆悬伸长，则易由于刚性差产生让刀现象。（ ）

三、选择题（将正确答案的代号填到括号内）

1. 45°车刀的主偏角和（ ）都等于45°。
   A. 楔角　B. 刀尖角　C. 副偏角　D. 前角

2. 在切断工件时，若切断刀切削刃装得低于工件轴线，前角将（ ）。
   A. 增大　B. 减小　C. 不变　D. 无法确定

3. 切断刀的主偏角为（ ）。
   A. 90°　B. 100°　C. 80°　D. 75°

4. 切断实心工件时，切断刀主切削刃必须装得（ ）工件轴线。
   A. 高于　B. 等高于　C. 低于　D. 皆可

5. 切断时背吃刀量等于（ ）。
   A. 直径之半　B. 刀头宽度　C. 刀头长度　D. 二分之一刀宽

6. （ ）是常用的孔加工方法之一，可以作粗加工，也可以作精加工。
   A. 钻孔　B. 扩孔　C. 车孔　D. 铰孔

7. 在装夹不通孔车刀时，刀尖（ ），否则车刀容易折断。
   A. 应高于工件旋转中心　B. 与工件旋转中心等高
   C. 应低于工件旋转中心　D. A、B、C 皆可

8. （ ）车出的螺纹能获得较小的表面粗糙度值。
   A. 直进法　B. 左右切削法
   C. 斜进法切削　D. 无法确定

9. 用硬质合金车刀车削螺纹时只能用（ ）进给。
   A. 直进法　B. 左右切削法
   C. 斜进法切削　D. 无法确定

10. 直进法适合加工螺距（　　）的螺纹。

A. $P<2.5$ mm　　B. $P>2.5$ mm　　C. $P<5$ mm　　D. $P>5$ mm

11. 车外圆，车刀装得低于工件中心时，车刀的（　　）。

A. 工作前角减小，工作后角增大　　B. 工作前角增大，工作后角减小

C. 工作前角增大，工作后角不变　　D. 工作前角不变，工作后角增大

12. 车削阶梯轴应选用（　　）。

A. 90°偏刀　　B. 45°弯头刀

C. 75°外圆车刀　　D. 60°尖头车刀

13. 精车外圆时一般应选用刃倾角为（　　）的车刀。

A. 负　　B. 正　　C. 零　　D. 任意

14. 为减小表面粗糙度值，可采用的方法有（　　）。

A. 减小刀尖圆弧半径，减小副偏角　　B. 增大刀尖圆弧半径，减小副偏角

C. 增大前角，增大主偏角　　D. 增大前角，增大副偏角

15. 粗车螺纹时，为了减小切削力，便于排屑，刀具前角较大，此时车刀的刀尖角应（　　）牙型角。

A. 大于　　B. 等于　　C. 小于　　D. 以上都不是

16. 车削螺纹时，车刀的工作前角和工作后角发生了变化，这是由于进给运动后使（　　）位置发生了变化。

A. 基面和切削平面　　B. 前面

C. 后面　　D. 前、后面

17. 精车高精度螺纹时，螺纹车刀刀尖角等于牙型角，左右刀刃应平直，刀刃的前角应为（　　）。

A. 10°　　B. －10°　　C. 20°　　D. 0°

18. 粗车矩形螺纹的粗车刀，刀头宽度应（　　）螺纹牙型槽宽度。

A. 大于　　B. 等于　　C. 小于　　D. 无要求

19. 螺纹车刀刀尖角的大小，决定螺纹的牙型角，刀尖角应（　　）牙型角。

A. 略小于　　B. 大于　　C. 小于　　D. 等于

20. 在加工梯形螺纹时，为保证形状精度和位置精度要求，主要是采用合理的工艺路线和正确的（　　）。

A. 安装方法　　B. 车削方法　　C. 测量方法　　D. 检验方法

四、简答题

1. 安装车刀时应注意哪些问题？

2. 安装切断刀时应注意哪些事项？

3. 车圆锥的加工路线有哪几种？

4. 车圆弧的加工路线有哪几种？

5. 轮廓粗车的加工路线有哪几种？

6. 安装内孔车刀时应注意哪些事项？

7. 简述安装梯形螺纹车刀的方法。

8．低速车削三角螺纹有哪几种进刀方法？

9．数控车床加工螺纹时会受到哪些方面的影响？

10．如何加工多线螺纹？

第六节　典型零件的数控车削工艺分析

一、如图 3—2 所示零件，毛坯尺寸为 ϕ110 mm × 36 mm，材料为 45 钢。试编制其加工工艺，确定加工用刀具，并填写加工工艺卡（表 3—1）及刀具卡（表 3—2）。

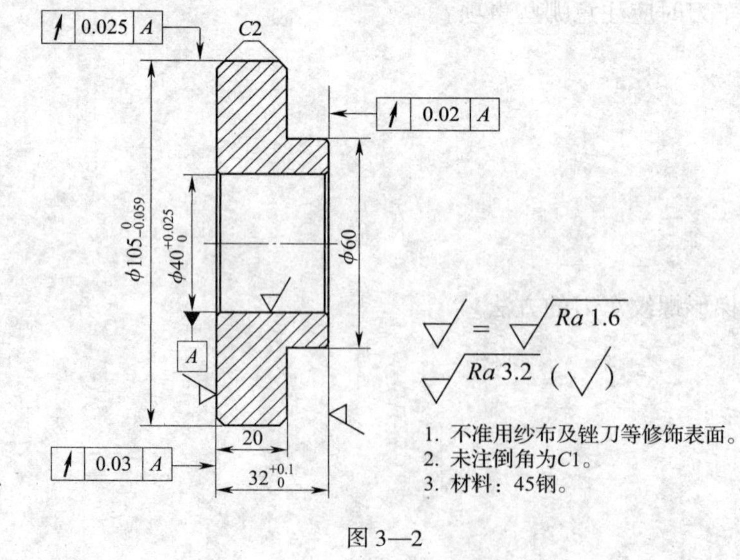

图 3—2

表 3—1　　　　　　　　　　　　　　　数控加工工艺卡

<table>
<tr><td rowspan="2" colspan="2">单位名称</td><td rowspan="2" colspan="2"></td><td colspan="2">产品名称或代号</td><td colspan="2">零件名称</td><td colspan="2">零件图号</td></tr>
<tr><td colspan="2"></td><td colspan="2"></td><td colspan="2"></td></tr>
<tr><td>工艺序号</td><td colspan="2">程序编号</td><td colspan="2">夹具名称</td><td>夹具编号</td><td colspan="2">使用设备</td><td colspan="2">车间</td></tr>
<tr><td></td><td colspan="2"></td><td colspan="2"></td><td></td><td colspan="2"></td><td colspan="2"></td></tr>
</table>

工步号	工步内容	加工部位	刀具号	刀具规格	主轴转速（r/min）	进给速度（mm/min）	背吃刀量（mm）	备注
编制		审核		批准		共　页	第　页	

表 3—2　　　　　　　　　　　　　　　数控加工刀具卡

刀具号	刀具规格形状	数量	加工内容	主轴转速（r/min）	进给量（mm/r）	背吃刀量（mm）

二、如图 3—3 所示零件，毛坯尺寸为 $\phi50$ mm × 60 mm，材料为 45 钢。试编制其加工工艺，确定加工用刀具，并填写加工工艺卡（表 3—3）及刀具卡（表 3—4）。

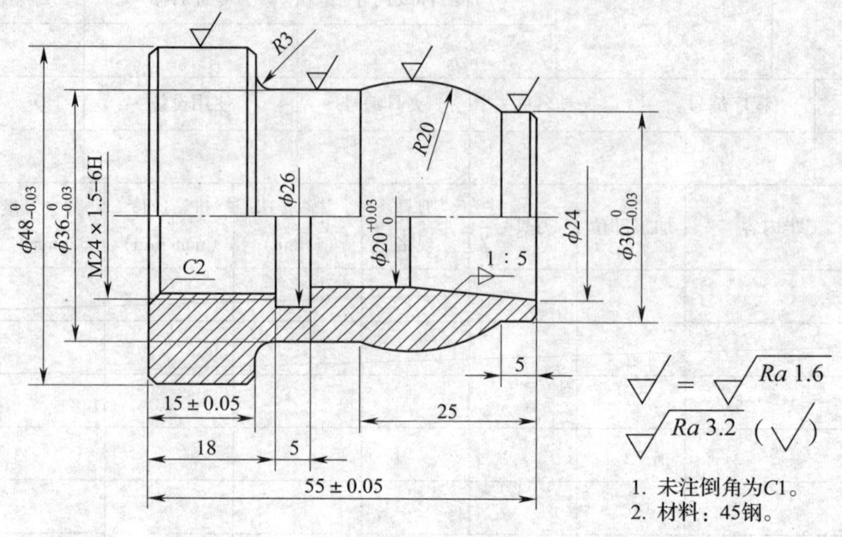

图 3—3

表 3—3 **数控加工工艺卡**

单位名称		产品名称或代号		零件名称		零件图号		
工艺序号	程序编号	夹具名称		夹具编号	使用设备		车间	
工步号	工步内容	加工部位	刀具号	刀具规格	主轴转速（r/min）	进给速度（mm/min）	背吃刀量（mm）	备注
编制		审核		批准			共 页	第 页

表 3—4 **数控加工刀具卡**

刀具号	刀具规格形状	数量	加工内容	主轴转速（r/min）	进给量（mm/r）	背吃刀量（mm）

三、如图 3—4 所示零件，毛坯尺寸为 $\phi 40$ mm × 75 mm，材料为 45 钢。试编制其加工工艺，确定加工用刀具，并填写加工工艺卡（表 3—5）及刀具卡（表 3—6）。

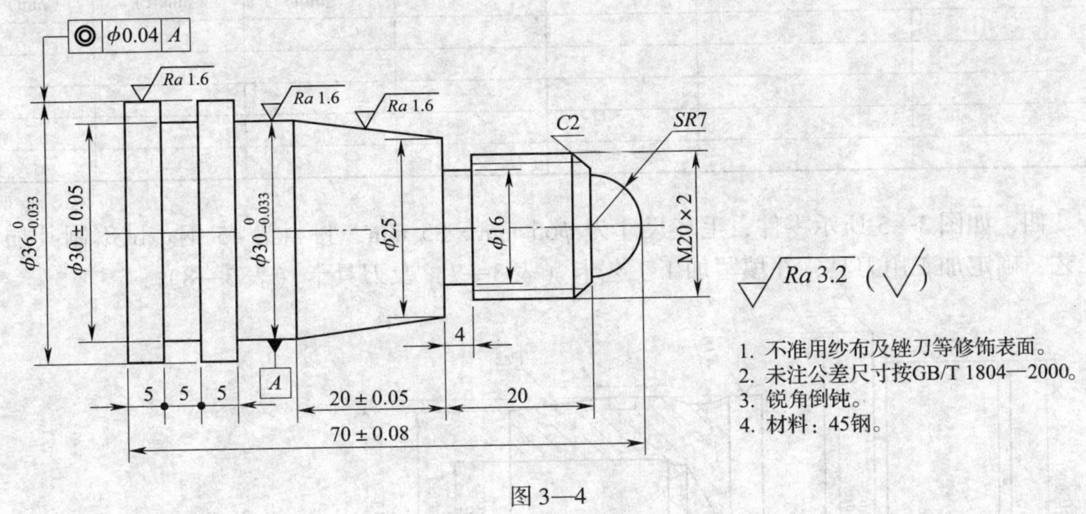

图 3—4

表 3—5

数控加工工艺卡

单位名称		产品名称或代号	零件名称	零件图号	
工艺序号	程序编号	夹具名称	夹具编号	使用设备	车间

工步号	工步内容	加工部位	刀具号	刀具规格	主轴转速（r/min）	进给速度（mm/min）	背吃刀量（mm）	备注

编制		审核		批准		共 页	第 页

表 3—6　　　　　　　　　　　　**数控加工刀具卡**

刀具号	刀具规格形状	数量	加工内容	主轴转速（r/min）	进给量（mm/r）	背吃刀量（mm）

四、如图 3—5 所示零件，毛坯尺寸为 $\phi65$ mm × 85 mm，材料为 45 钢。试编制其加工工艺，确定加工用刀具，并填写加工工艺卡（表 3—7）及刀具卡（表 3—8）。

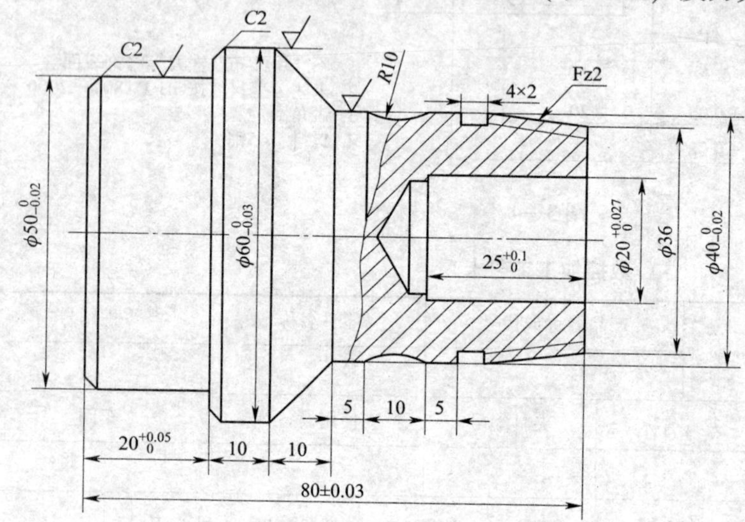

图 3—5

表 3—7　　　　　　　　　　　　**数控加工工艺卡**

单位名称		产品名称或代号		零件名称		零件图号	
工艺序号	程序编号		夹具名称	夹具编号		使用设备	车间

工步号	工步内容	加工部位	刀具号	刀具规格	主轴转速（r/min）	进给速度（mm/min）	背吃刀量（mm）	备注
编制		审核		批准		共　页		第　页

表 3—8　　**数控加工刀具卡**

刀具号	刀具规格形状	数量	加工内容	主轴转速 (r/min)	进给量 (mm/r)	背吃刀量 (mm)

五、如图 3—6 所示零件，毛坯尺寸为 $\phi30$ mm × 70 mm，材料为 45 钢。试编制其加工工艺，确定加工用刀具，并填写加工工艺卡（表 3—9）及刀具卡（表 3—10）。

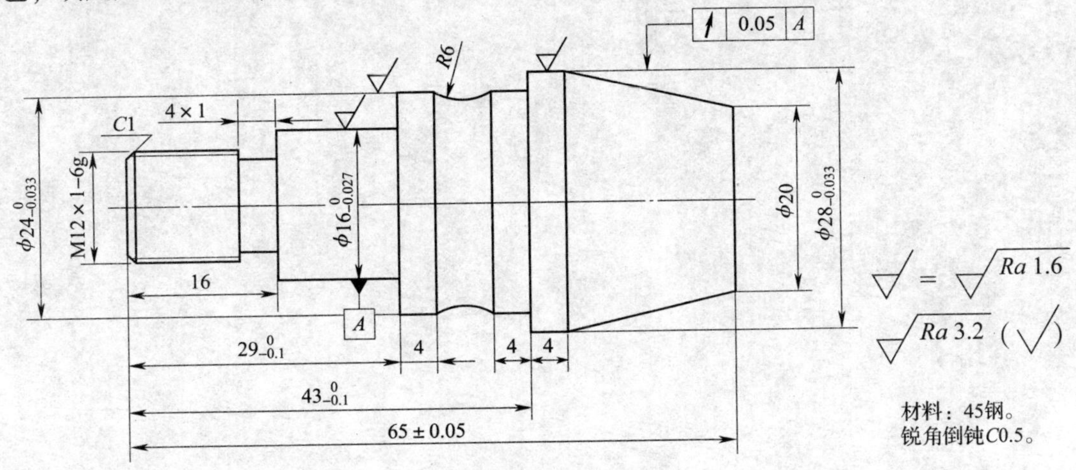

图 3—6

表 3—9　　**数控加工工艺卡**

单位名称		产品名称或代号	零件名称	零件图号

工艺序号	程序编号	夹具名称	夹具编号	使用设备	车间

工步号	工步内容	加工部位	刀具号	刀具规格	主轴转速 (r/min)	进给速度 (mm/min)	背吃刀量 (mm)	备注
编制		审核		批准		共　页	第　页	

表 3—10　　　　　　　　　　　　　　　　数控加工刀具卡

刀具号	刀具规格形状	数量	加工内容	主轴转速（r/min）	进给量（mm/r）	背吃刀量（mm）

第四章　数控铣削加工工艺

第一节　数控铣床/加工中心上的零件装夹

一、填空题（将正确答案填写在横线上）

1. 平口虎钳适用于尺寸较小的______形工件的装夹。

2. 有等分结构的零件在立式数控铣床或加工中心上可利用____________来装夹。

3. 对基准面比较宽而加工面比较窄的工件，在铣削垂直面时，可利用______来装夹。

4. 组合夹具的基本特点是满足三化：________化、________化、________化。

5. 孔系组合夹具主要元件表面上具有光孔和螺纹孔。组装时，通过________________和螺栓实现元件的相互定位和紧固。

6. 一套拼装夹具元件系统包括有若干组合件和元件，按其用途可分为四类：基础件、____________件、夹压件及紧固件。

7. 拼装夹具基础件类包括矩形基础板、圆基础板、____________、分度支架等。

8. 根据某一零件的结构特点专门设计的夹具，称为____________。

二、判断题（正确的打“√”，错误的打“×”）

1. 回转工作台可以作为分度工作台应用，但分度工作台绝对不能作为回转工作台应用。（　）

2. 应用回转工作台的程序一般由准备功能实现，但应用分度工作台的程序一般由第二辅助功能（B 功能）实现。（　）

3. 孔系组合夹具的元件用一面两圆柱销定位，属不允许使用的过定位。（　）

4. 专用夹具的缺点：只能为一种零件的加工使用，不能适应产品品种不断变型更新的形势。（　）

5. 不论用哪种夹具和哪种方法，其共同目的是相同的。（　）

6. 组合夹具的特点决定了它最适用于产品经常变换的生产。（　）

7. 组合夹具是一种标准化、系列化、通用化程度较高的工艺装备。（　）

8. 轴用虎钳装夹轴类零件时，具有用虎钳装夹和 V 形架装夹的优点，所以装夹简便迅速。（　）

9. 用自定心虎钳装夹零件比用平口虎钳精确度高。（　）

10. 批量较大，且轮番上场加工，精度要求较高的关键性零件，在加工中心上加工时，宜选用成组夹具。（　）

三、选择题（将正确答案的代号填到括号内）

1. 铣床上用的平口虎钳属于（　　）。

A. 通用夹具　　B. 专用夹具　　C. 成组夹具　　D. 组合夹具

2. 轴用虎钳中的 V 形架属于（　　）。

A. 定位元件　　B. 夹紧元件　　C. 导向元件　　D. 以上都是

四、简答题

1. 列举数控铣削常用的通用夹具。

2. 简述回转工作台与分度工作台的区别。

第二节　数控铣削用刀具

一、填空题（将正确答案填写在横线上）

1. 圆柱铣刀主要用于________铣床加工平面。

2. 圆柱铣刀有粗齿和细齿之分，________铣刀适合于粗加工，________铣刀适合于精加工。

3. 面铣刀主要用于________铣床加工平面和台阶面等。

4. 面铣刀按结构可以分为________式面铣刀、硬质合金整体焊接式面铣刀、硬质合金机夹焊接式面铣刀、硬质合金可转位式面铣刀。

5. 立铣刀主要用于________铣床上加工凹槽、台阶面和成型面等。

6. 立铣刀有粗齿和细齿之分，________立铣刀适合于粗加工，________立铣刀适合于精加工。

7. 立铣刀的柄部有直柄、莫氏锥柄和____________锥柄等多种形式。

8. 键槽铣刀主要用于________铣床上加工圆头封闭键槽等。

9. 模具铣刀按工作部分形状不同，可分为________铣刀、圆锥形球头铣刀和圆锥形立铣刀三种。

10. 鼓形铣刀常用于数控铣床和加工中心加工________或变斜角面。

11. 角度铣刀主要用于________铣床上加工各种角度槽、斜面等。

12. 角度铣刀根据本身外形不同，可分为单角铣刀、________铣刀和________铣刀三种。

13. 锯片铣刀主要用于大多数材料的________、________、内外槽铣削、组合铣削、缺口试验的槽加工和齿轮毛坯粗齿加工等。

14. 标准扩孔钻一般有________条主切削刃，切削部分的材料为高速钢或硬质合金，结构形式有直柄式、锥柄式和套式等。

15. 镗刀种类很多，按加工精度可分为______镗刀和______镗刀，按切削刃数量可分为________镗刀和双刃镗刀。

16. 硬质合金面铣刀的刀齿有粗齿、中齿和细齿之分。________面铣刀适用于钢件的粗铣；________面铣刀适用于机床功率足够的情况下对铸铁进行粗铣或精铣。

17. 粗加工时，为增强刀尖的抗冲击能力，宜取______刃倾角；精加工时，切屑较薄，可取______刃倾角。

18. 在加工中心上有两种螺纹加工方法，分别是______攻螺纹和______攻螺纹。

19. 在数控铣床或加工中心上加工螺纹所用的刀具有________刀具和________刀具。

二、判断题（正确的打“√”，错误的打“×”）

1. 圆柱铣刀主切削刃分布在圆柱表面上，无副切削刃。 （ ）

2. 面铣刀的主切削刃分布在铣刀的端面上，副切削刃分布在铣刀的圆柱面上或圆锥面上。 （ ）

3. 立铣刀的主切削刃分布在铣刀的端面上，副切削刃分布在铣刀的圆柱表面上。 （ ）

4. 采用立铣刀铣削时一般不能沿铣刀轴向做进给运动，而只能沿铣刀径向做进给运动。 （ ）

5. 键槽铣刀端面刀齿上的切削刃为主切削刃，圆柱面上的切削刃为副切削刃。（ ）

6. 键槽铣刀的磨损是在端面和靠近端面的外圆部分，所以修磨时只修磨端面切削刃。 （ ）

7. 采用圆柱形球头铣刀铣削时不仅能沿铣刀轴向做进给运动，也能沿铣刀径向做进给运动。 （ ）

8. 单角铣刀圆锥面上的切削刃是主切削刃，端面上的切削刃是副切削刃。 （ ）

9. 不对称双角铣刀两圆锥面上切削刃是主切削刃，无副切削刃。 （ ）

10. 一般情况下，尽可能选用较小直径规格的铣刀，因为铣刀的直径大，铣削力矩增大，易造成铣削振动。 （ ）

11. 粗铣时一般取较大前角，精铣时取较小前角。 （ ）

12. 工艺系统刚度较差和铣床功率较低时，宜采用较小的前角。 （ ）

13. 工件材料的硬度、强度较高时，为了保证切削刃的强度，宜采用较小的后角。（ ）

14. 粗加工时，铣刀承受的铣削力比较大，为了保证刃口的强度，可选取较大的后角。（ ）

15. 当工艺系统刚度不足时，为避免铣削振动加大，应采用较大的主偏角。（ ）

16. 铣削高强度、高硬度的材料时，应取较小的副偏角，以提高刀尖部分的强度。（ ）

17. 鼓形铣刀切削刃分布在半径为 R 的中凸的鼓形外廓上，其端面无切削刃。（ ）

18. 直柄铰刀直径为 $\phi10 \sim \phi32$ mm，锥柄铰刀直径为 $\phi6 \sim \phi20$ mm。（ ）

三、选择题（将正确答案的代号填到括号内）

1. （ ）铣刀俗称“玉米铣刀”。

A. 高速钢立铣刀　　B. 硬质合金螺旋齿立铣刀

C. 波形刃立铣刀　　D. 端齿刀

2. 键槽铣刀外形似（ ）。

A. 立铣刀　　B. 模具铣刀　　C. 面铣刀　　D. 鼓形铣刀

3. 为特定形状的工件或加工内容专门设计制造的铣刀是（ ）。

A. 立铣刀　　B. 模具铣刀　　C. 成形铣刀　　D. 鼓形铣刀

4. 加工变斜角零件的变斜角面应选用（ ）。

A. 面铣刀　　B. 成形铣刀　　C. 鼓形铣刀　　D. 立铣刀

5. 加工各种直的或圆弧形的凹槽、斜角面、特殊孔等应选用（ ）。

A. 模具铣刀　　B. 成形铣刀　　C. 立铣刀　　D. 键槽铣刀

6. 曲面加工常用（ ）。

A. 键槽刀　　B. 锥形刀　　C. 盘形刀　　D. 球形刀

7. 下列刀具中，（ ）不能作轴向进给。

A. 立铣刀　　B. 键槽铣刀

C. 球头铣刀　　D. A、B、C 项都不能

8. 当台阶的尺寸较大时，为了提高生产效率和加工精度，应在（ ）铣削加工。

A. 立铣上用面铣刀　　B. 卧铣上用三面刃铣刀

C. 立铣上用键槽铣刀　　D. 卧铣上用圆柱铣刀

9. 封闭式直角沟槽通常选用（ ）铣削加工。

A. 三面刃铣刀　　B. 键槽铣刀

C. 盘形槽铣刀　　D. 球头铣刀

10. 在不产生过切的前提下，曲面的粗加工优先选择（ ）。

A. 键槽铣刀　　B. 圆柱铣刀　　C. 球头铣刀　　D. 立铣刀

11. 下列刀具中，不属于模具铣刀的是（ ）。

A. 圆柱形球头铣刀　　B. 圆锥形球头铣刀

C. 鼓形铣刀　　D. 圆锥形平头立铣刀

12. 键槽铣刀最主要用来加工（ ）。

A. 半月键槽　　B. T形槽
C. 开式平键槽　　D. 圆头封闭键槽

13. 键槽铣刀一般不能进行（　　）加工。

A. 半月键槽　　B. 钻削　　C. 锪孔　　D. 平键槽

14. 不能用来加工平键槽的刀具是（　　）。

A. 键槽铣刀　　B. 立铣刀
C. 圆柱铣刀　　D. 三面刃铣刀

15. 加工窄的沟槽时，在沟槽结构形状合适的情况下，应采用（　　）加工。

A. 端铣刀　　B. 立铣刀　　C. 盘形铣刀　　D. 成形铣刀

四、简答题

1. 常用的数控铣削刀具有哪几种？各种铣刀有何用途？

2. 如何选择数控铣刀的前角？

3. 如何选择数控铣刀的后角？

4. 如何选择数控铣刀的刃倾角？

5. 如何选择数控铣刀的主偏角？

6. 如何选择数控铣刀的副偏角？

第三节　数控铣削用刀具系统

一、填空题（将正确答案填写在横线上）

1. 所谓“模块式”是将整体式刀杆分解成________、中间连接块、________三个主要部分，然后通过各种连接结构，将这三部分连接成一个整体。

2. 数控铣床刀柄一般采用____________锥面与主轴锥孔配合定位。

3. 加工中心刀柄可分为____________与____________两类。

4. ISO 或 GB 规定了 A 型和 B 型两种形式的拉钉，其中______型拉钉用于不带钢球的拉紧装置，而______型拉钉用于带钢球的拉紧装置。

5. 弹簧夹头有两种，即________弹簧夹头和________弹簧夹头。前者的夹紧力较小，适用于切削力较小的场合；后者的夹紧力较大，适用于强力铣削。

6. 刀柄和刀具的中间连接装置是____________，它的作用是提高刀柄的通用性能。

二、判断题（正确的打“√”，错误的打“×”）

1. 加工中心要求刀柄能满足主轴的自动松开夹紧的功能，能满足自动换刀机构的机械抓取、移动定位等功能。（　　）

2. ER 弹簧夹头的夹紧力较大，适用于强力铣削。（　　）

三、选择题（将正确答案的代号填到括号内）

1. 根据刀柄柄部形式及所采用国家标准的不同，我国使用的刀柄常分成（　　）等系列。

A. BT　　　　　　B. JT　　　　　　C. ST　　　　　　D. CAT

2. ISO 或 GB 规定了拉钉的形式有（　　）型。

A. A　　　　　　B. B　　　　　　C. C　　　　　　D. D

四、简答题

1. 模块式数控刀具系统主要由哪几部分组成?

2. 列举加工中心常用刀柄的类型及其使用场合。

第四节　数控铣削用高速切削刀柄

一、填空题（将正确答案填写在横线上）

1. HSK 刀柄由锥面和法兰端面共同实现与主轴的刚性连接，由锥面实现刀具与__________之间的同轴度，锥柄的锥度为__________。

2. 按 DIN 的规定，HSK 刀柄分为六种型式。________型为自动换刀刀柄，______型为手动换刀刀柄，________型为无键连接、对称结构，适用于超高速的刀柄。

3. KM 刀柄采用________短锥配合，锥柄的长度仅为标准 7:24 锥柄长度的________。

4. Sandvik 公司生产的 CAPTO 刀柄呈______________结构。这种刀柄不是圆锥形，而是______________，其棱为圆弧形，锥度为______________。

5. 在高速加工中心主轴中，目前主要有两大类型：一是摒弃原有的________标准锥度而采用新思路的替代型刀柄结构；另一种是为降低成本，仍采用现有的__________锥度而进行改进的刀柄结构。

6. 常用的可调平衡刀柄是在标准刀柄上增加可调平衡的部件。一种是在刀柄的外端面上钻出一系列平行于轴线的螺纹孔，用__________进行调节；另一种是采用带有平衡__________的刀柄。

二、判断题（正确的打“√”，错误的打“×”）

1. 标准的7∶24 锥柄较长，很难实现全长无间隙配合，一般只要求配合面前段70% 以上接触。（　　）

2. 标准的7∶24 锥柄配合面后段会有一定的间隙，该间隙会引起刀具的径向圆跳动，影响主轴部件整体结构的动平衡。（　　）

3. 在常规切削速度范围内，切削温度随着切削速度的提高而升高，但切削速度提高到一定值后，切削温度不但不升高反会降低。（　　）

三、选择题（将正确答案的代号填到括号内）

1. 高速切削理论是由（　　）国的物理学家 Carl. J. Salomon 提出的。

A. 美　　B. 英　　C. 德　　D. 法

2. 常用的高速切削用刀柄有（　　）。

A. HSK　　B. KM　　C. CAPTO　　D. NC5

3. HSK 锥柄的锥度为（　　）。

A. 1∶10　　B. 7∶24　　C. 1∶20　　D. 1∶15

4. Sandvik 公司生产的 CAPTO 刀柄的锥度为（　　）。

A. 1∶10　　B. 7∶24　　C. 1∶20　　D. 1∶15

5. BIG—PLUS 刀柄的锥度为（　　）。

A. 1∶10　　B. 7∶24　　C. 1∶20　　D. 1∶15

四、简答题

1. 高速切削理论的内容是什么？

2. 列举常用的高速切削用刀柄。

3. 为什么标准的7∶24锥柄不适用于高速切削？

4. 高速机床刀具系统的动平衡调整方法有哪几种？

第五节　数控铣削切削用量的确定

一、填空题（将正确答案填写在横线上）

1. 在铣削过程中所选用的__________称为铣削用量。铣削用量的要素包括铣削速度 v_c、进给量 f、背吃刀量 a_p 和__________。

2. 背吃刀量或铣削宽度的选取主要由__________和对表面质量的要求决定。

3. 在工件表面粗糙度值要求很小时，可分粗铣、半精铣和精铣三步进行。半精铣时背吃刀量或铣削宽度取__________ mm；精铣时圆周铣铣削宽度取__________ mm，端铣背吃刀量取__________ mm。

4. 进给量与进给速度是衡量切削用量的重要参数，根据零件的__________、加工精度要求、刀具及工件材料等因素，参考有关切削用量手册选取。

5. 轮廓加工中，选择进给量时还应注意轮廓拐角处的__________和__________问题。

6. 在切削过程中，由于切削力的作用，使机床、工件和刀具的工艺系统产生变形，从而使刀具产生滞后，在拐角处会产生__________现象，采用增加减速程序段或__________的方法，可以减少此现象。

7. 铣削加工时，根据已经选定的__________、进给量及刀具寿命选择切削速度。

二、判断题（正确的打“√”，错误的打“×”）

1. 铣削时，由于采用的铣削方法和选用的铣刀不同，背吃刀量 a_p 和铣削宽度 a_e 的表示也不同。（　　）

2. 无论是采用圆周铣或是端铣，铣削宽度 a_e 都表示铣削弧深。（　　）

3. 不论使用哪种铣刀铣削，其铣削弧深的方向均垂直于铣刀轴线。（　　）

4. 工件刚度差或刀具强度低时，进给量与进给速度应取小值。（　　）

5. 铣削轮廓时，为了避免拐角处出现“超程”问题，接近拐角处应当适当增大进给量。（　　）

6. 加工精度和表面粗糙度要求较高时，进给量应选小些，但不能选得过小，过小的进给量反而会使表面粗糙度值增大。（　　）

三、选择题（将正确答案的代号填到括号内）

1. 选择铣削加工主轴转速的依据是（　　）。

A. 机床的特点和用户的经验

B. 工件材料与刀具材料

C. 机床本身、工件材料、刀具材料、工件的加工精度和表面粗糙度

D. 由加工时间定额决定

2. 数控粗铣时，从刀具耐用度出发，切削用量的选择方法是（　　）。

A. 先选取背吃刀量，其次确定进给速度，最后确定切削速度

B. 先选取进给速度，其次确定背吃刀量，最后确定切削速度

C. 先选取背吃刀量，其次确定切削速度，最后确定进给速度

D. 先选取切削速度，其次确定进给速度，最后确定背吃刀量

3. 数控精铣时加工余量较小，为了提高生产率，应选用较大的（　　）。

A. 进给量　　B. 背吃刀量　　C. 切削速度　　D. 主轴转速

4.（　　）时，为了保证获得合乎要求的加工精度和表面粗糙度，被切金属层的宽度应尽量一次铣出。

A. 粗加工　　B. 精加工　　C. 端面铣削　　D. 周边铣削

5.（　　）时，限制进给量的主要因素是加工精度和表面粗糙度。

A. 端铣　　B. 周铣　　C. 粗铣　　D. 精铣

6.（　　）时，由于金属切除量大，产生热量多，切削温度高，为了保证合理的铣刀寿命，可选用较低的铣削速度。

A. 端铣　　B. 周铣　　C. 粗铣　　D. 精铣

7. 粗铣时，在（　　）允许的前提下，以及具有合理的铣刀寿命的条件下，首先应选用被切金属层较大的宽度。

A. 机床功率　　B. 机床动力和工艺系统刚度

C. 机床刚度和工件刚度　　D. 刀具刚度

四、简答题

1. 如何选取铣削背吃刀量或铣削宽度？

2. 铣削轮廓时，如何避免拐角处的“超程”和“欠程”问题?

第六节　典型轮廓的数控铣削加工

一、填空题（将正确答案填写在横线上）

1. 铣削有＿＿＿＿＿＿和＿＿＿＿＿＿两种方式。同时，根据铣刀与工件之间的相对位置不同，又可分为＿＿＿＿＿＿与＿＿＿＿＿＿。

2. 在铣床上铣削平面的方法有两种：＿＿＿＿＿＿和端铣。

3. 直角通槽主要用＿＿＿＿＿＿铣刀来铣削，也可用立铣刀、槽铣刀或合成铣刀来铣削。对封闭的沟槽则都采用＿＿＿＿＿＿铣削。

4. 车床光杠上的通键槽，铣刀轴上的半封闭键槽，一般都采用＿＿＿＿＿＿刀来铣削。

5. 铣T形槽时，首先在立式铣床上用＿＿＿＿＿＿铣出直角槽，再用T形槽铣刀铣削T形槽。

6. 当铣削平面零件外轮廓，铣刀切入工件时，应避免沿零件外轮廓的＿＿＿＿切入，而应沿外轮廓曲线延长线的＿＿＿＿切入，以避免在切入处产生刀具的刻痕而影响表面质量，保证零件外轮廓曲线平滑过渡。

7. 铣削封闭的内轮廓表面时，若内轮廓曲线允许外延，则应沿＿＿＿＿方向切入和切出。

8. 与加工外轮廓相比，内轮廓加工过程中的主要问题是如何进行＿＿＿＿＿＿进刀。

9. 在数控加工中，常用的内轮廓加工 Z 向进刀方式主要有以下几种：垂直切深进刀、＿＿＿＿＿＿＿＿、三轴联动斜线进刀、三轴联动螺旋线进刀。

10. 型腔是指以＿＿＿＿＿＿为边界的平底或曲底凹坑。

11. 加工平底型腔时一律用＿＿＿＿＿＿铣刀，且刀具边缘部分的圆角半径应符合型腔的图样要求。

12. 型腔的切削分两步，第一步＿＿＿＿＿＿，第二步＿＿＿＿＿＿。

13. 在铣削加工零件轮廓时，要考虑尽量采用＿＿＿＿＿＿加工方式，这样可以提高零件表面质量和加工精度，减少机床的“颤振”。

14. 加工圆形型腔时，在同一层上的进给路线一般有环切法、＿＿＿＿＿＿＿＿切削方法二种。

15. 阿基米德螺旋线进给路线加工，一般采用＿＿＿＿＿＿编程来实现。

二、判断题（正确的打“√”，错误的打“×”）

1. 在铣床上进行圆周铣时，一般情况下采用顺铣方式。（　　）
2. 圆周铣时有顺铣与逆铣之分；端铣时，只存在逆铣。（　　）
3. 端铣时，应采用非对称逆铣，一般不采用非对称顺铣。（　　）
4. 立铣刀直径的基本偏差为 jsl4。（　　）
5. 立式铣床采用端铣加工平面时一般选用立铣刀。（　　）
6. 铣削平面轮廓零件外形时，要避免在被加工表面范围内的垂直方向下刀或抬刀。（　　）
7. T 形槽加工只要采用一把 T 形槽铣刀就能直接加工出来。（　　）
8. 铣削平面零件外轮廓时，一般采用立铣刀侧刃切削。（　　）
9. 加工内轮廓采用垂直切深进刀时，须选择切削刃过中心的键槽铣刀或钻铣刀进行加工，而不能采用立铣刀进行加工。（　　）
10. 在铣削加工零件轮廓时，要选择合理的进刀、退刀位置，尽量避免沿零件轮廓法向切入和进给中途停顿。进、退刀位置应选在不太重要的位置。（　　）
11. 铣削直角沟槽时，若三面刃铣刀轴向摆差较大，铣出的槽宽会小于铣刀宽度。（　　）
12. T 形槽铣刀折断原因之一是铣削时排屑困难。（　　）

三、选择题（将正确答案的代号填到括号内）

1. T 形槽的中间槽加工常用立铣刀或（　　）。
   A. 三面刃铣刀　B. 角度铣刀　C. T 形槽铣刀　D. 圆柱铣刀
2. T 形槽的底槽加工常用（　　）。
   A. 三面刃铣刀　B. T 形槽铣刀　C. 角度铣刀　D. 圆柱铣刀
3. 长方体工件若利用立式铣床铣削 T 形槽，加工方法较佳的是（　　）。
   A. 用端铣刀先铣直槽，再用 T 形槽铣刀铣槽
   B. 用 T 形槽铣刀直接铣削
   C. 先钻孔再加工直槽，再用 T 形槽铣刀铣槽
   D. 用半圆键铣刀铣削直槽
4. 铣削加工时，最终轮廓应尽量（　　）走刀完成。
   A. 1 次　B. 2 次　C. 3 次　D. 任意次
5. 轮廓加工时，刀具应从工件轮廓的（　　）。
   A. 切线方向切入和切出　B. 法线方向切入和切出
   C. 切线方向切入和法线方向切出　D. 法线方向切入和切线方向切出
6. 铣削平面轮廓零件外形时，应尽量沿轮廓外形的（　　）方向切入和切出零件轮廓。
   A. 法线或切线　B. 延长线或法线
   C. 延长线或切线　D. 法线
7. 铣削封闭内轮廓，法向切入和切出时，切入和切出点尽可能选在（　　）。

A. 直线轮廓的中点　　B. 圆弧轮廓的中点

C. 几何元素的交点　　D. 任意点

8. 铣削封闭的、光滑连接的内轮廓时，应尽量沿轮廓外形的（　　）方向切入和切出零件轮廓。

A. 垂直　　B. 法线　　C. 延长线　　D. 切线

9. 在铣削 T 形槽时，通常可将直槽铣得（　　），以减少 T 形槽铣刀端面摩擦，改善切削条件。

A. 比底槽略浅些　　B. 与底槽接平

C. 比底槽略深些　　D. 以上皆可

10. 加工内廓类零件时（　　）。

A. 要留有精加工余量

B. 为保证顺铣，刀具要沿内廓表面顺时针运动

C. 不用留精加工余量

D. 为保证顺铣，刀具要沿工件表面左右滑动

11. 在加工中心上采用立铣刀沿 *XY* 面进行圆弧插补铣削时，有时会发现圆弧的精度超差，由圆变成了斜椭圆，产生这种情况的原因是（　　）。

A. 丝杠轴向窜动　　B. 机械传动链刚性太差

C. 两坐标的系统误差不匹配　　D. 刀具磨损

12.（　　）是指数控铣床加工过程中铣刀相对于工件的运动轨迹，即铣刀从何处切入，经过何处，又从何处退出。

A. 刀具轨迹　　B. 刀具行程　　C. 加工路线　　D. 切削行程

四、简答题

1. 简述铣削 T 形槽的步骤。

2. 铣 T 形槽应注意哪些事项？

3. 怎样铣封闭键槽？

4. 加工内轮廓时的深度进刀方式有哪几种？

5. 矩形型腔加工方式有哪几种？各有什么特点？

第七节　典型零件的数控铣削工艺分析

一、如图 4—1 所示零件，毛坯尺寸为 80 mm × 73 mm × 23 mm，材料为 45 钢。试编制其加工工艺，确定加工用刀具，并填写加工工艺卡（表 4—1）及刀具卡（表 4—2）。

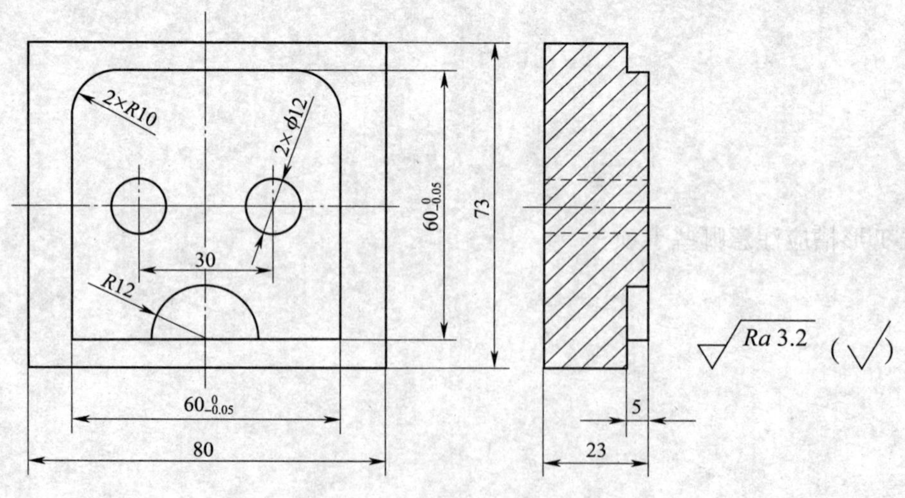

图 4—1

表 4—1　　　　数控加工工艺卡

单位名称		产品名称或代号	零件名称	零件图号
工艺序号	程序编号	夹具名称	使用设备	车间

工步号	工步内容	刀具号	刀具规格（mm）	主轴转速（r/min）	进给速度（mm/min）	背吃刀量（mm）	备注

编制		审核		批准		年　月　日	共　页	第　页

表 4—2　　　　数控加工刀具卡

零件图号	零件名称	材料	程序编号	车间	使用设备

刀号	刀具名称	刀具直径（mm）		刀具长度（mm）	刀补地址		换刀方式	加工部位
		设定	补偿		直径	长度		

编制		审核		批准		年　月　日	共　页	第　页

二、如图 4—2 所示零件，毛坯尺寸为 100 mm × 80 mm × 15 mm，材料为 45 钢。试编制其加工工艺，确定加工用刀具，并填写加工工艺卡（表 4—3）及刀具卡（表 4—4）。

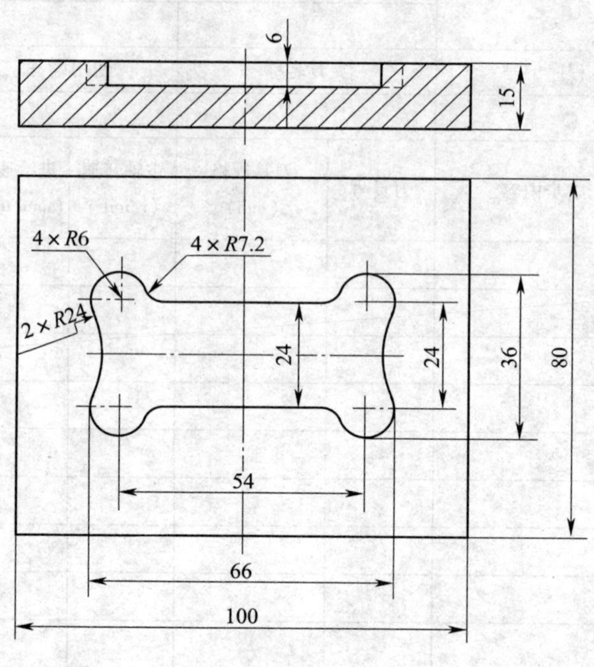

图 4—2

表 4—3 **数控加工工艺卡**

<table>
<tr><td rowspan="2">单位名称</td><td rowspan="2"></td><td colspan="2">产品名称或代号</td><td colspan="2">零件名称</td><td colspan="2">零件图号</td></tr>
<tr><td colspan="2"></td><td colspan="2"></td><td colspan="2"></td></tr>
<tr><td>工序号</td><td>程序编号</td><td colspan="2">夹具名称</td><td colspan="2">使用设备</td><td colspan="2">车间</td></tr>
<tr><td></td><td></td><td colspan="2"></td><td colspan="2"></td><td colspan="2"></td></tr>
<tr><td>工步号</td><td>工步内容</td><td>刀具号</td><td>刀具规格
（mm）</td><td>主轴转速
（r/min）</td><td>进给速度
（mm/min）</td><td>背吃刀量
（mm）</td><td>备注</td></tr>
<tr><td></td><td></td><td></td><td></td><td></td><td></td><td></td><td></td></tr>
<tr><td></td><td></td><td></td><td></td><td></td><td></td><td></td><td></td></tr>
<tr><td></td><td></td><td></td><td></td><td></td><td></td><td></td><td></td></tr>
<tr><td></td><td></td><td></td><td></td><td></td><td></td><td></td><td></td></tr>
<tr><td></td><td></td><td></td><td></td><td></td><td></td><td></td><td></td></tr>
<tr><td></td><td></td><td></td><td></td><td></td><td></td><td></td><td></td></tr>
</table>

<table>
<tr><td>编制</td><td></td><td>审核</td><td></td><td>批准</td><td></td><td>年　月　日</td><td>共　页</td><td>第　页</td></tr>
</table>

表 4—4　　　　　　　　　　　　　　　**数控加工刀具卡**

<table>
<tr><td colspan="2">零件图号</td><td colspan="2">零件名称</td><td colspan="2">材料</td><td>程序编号</td><td colspan="2">车间</td><td>使用设备</td></tr>
<tr><td colspan="2"></td><td colspan="2"></td><td colspan="2"></td><td></td><td colspan="2"></td><td></td></tr>
<tr><td rowspan="2">刀号</td><td rowspan="2">刀具名称</td><td colspan="2">刀具直径（mm）</td><td rowspan="2">刀具长度（mm）</td><td colspan="2">刀补地址</td><td colspan="2" rowspan="2">换刀方式</td><td rowspan="2">加工部位</td></tr>
<tr><td>设定</td><td>补偿</td><td>直径</td><td>长度</td></tr>
<tr><td></td><td></td><td></td><td></td><td></td><td></td><td></td><td colspan="2"></td><td></td></tr>
<tr><td></td><td></td><td></td><td></td><td></td><td></td><td></td><td colspan="2"></td><td></td></tr>
<tr><td></td><td></td><td></td><td></td><td></td><td></td><td></td><td colspan="2"></td><td></td></tr>
<tr><td></td><td></td><td></td><td></td><td></td><td></td><td></td><td colspan="2"></td><td></td></tr>
<tr><td></td><td></td><td></td><td></td><td></td><td></td><td></td><td colspan="2"></td><td></td></tr>
<tr><td>编制</td><td></td><td>审核</td><td></td><td>批准</td><td></td><td>年　月　日</td><td colspan="2">共　页</td><td>第　页</td></tr>
</table>

三、如图 4—3 所示零件，毛坯尺寸为 120 mm × 80 mm × 22 mm，材料为 45 钢。试编制其加工工艺，确定加工用刀具，并填写加工工艺卡（表 4—5）及刀具卡（表 4—6）。

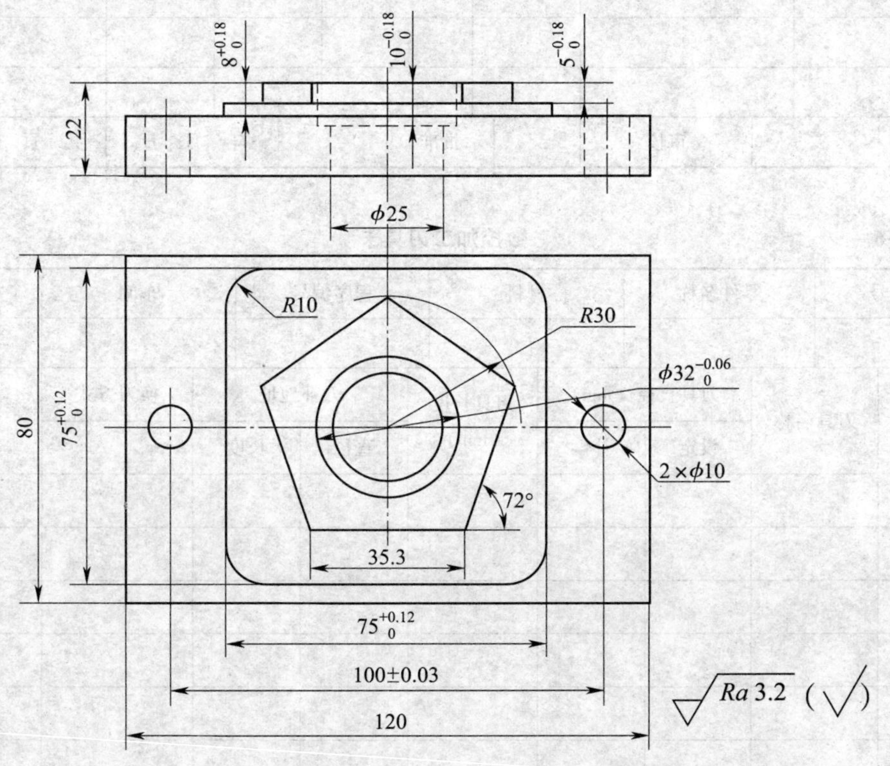

图 4—3

表 4—5　　　　　　　　　　　　　　数控加工工艺卡

单位名称		产品名称或代号		零件名称		零件图号	
工序号	程序编号	夹具名称		使用设备		车间	
工步号	工步内容	刀具号	刀具规格（mm）	主轴转速（r/min）	进给速度（mm/min）	背吃刀量（mm）	备注
编制		审核		批准		年　月　日	共　页	第　页

表 4—6　　　　　　　　　　　　　　数控加工刀具卡

零件图号	零件名称		材料		程序编号		车间	使用设备
刀号	刀具名称	刀具直径（mm）		刀具长度（mm）	刀补地址		换刀方式	加工部位
		设定	补偿		直径	长度		
编制		审核		批准		年　月　日	共　页	第　页

四、如图 4—4 所示零件，毛坯尺寸为 160 mm × 120 mm × 30 mm，材料为 45 钢。试编制其加工工艺，确定加工用刀具，并填写加工工艺卡（表 4—7）及刀具卡（表 4—8）。

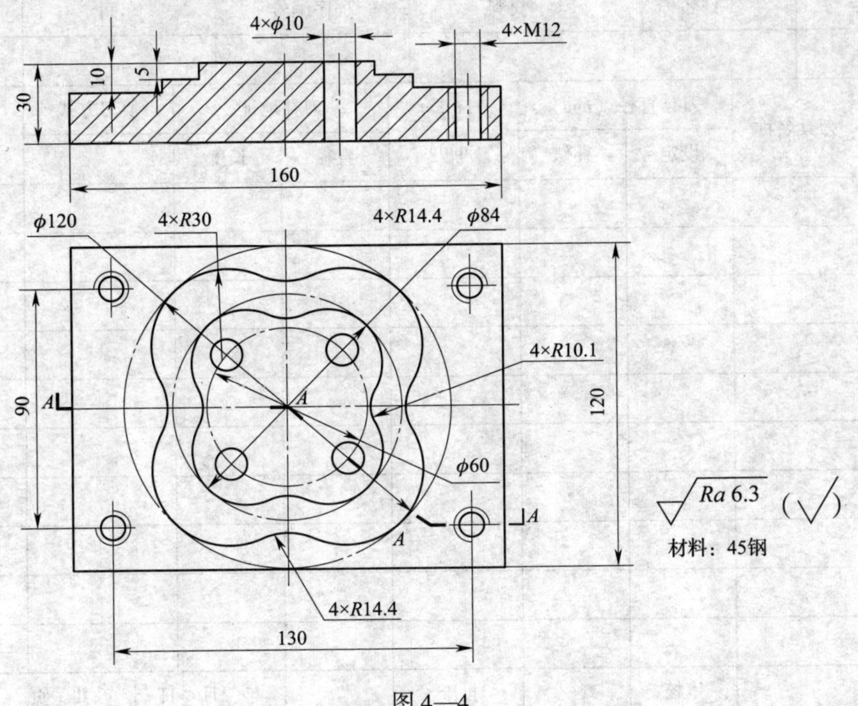

图 4—4

表 4—7

数控加工工艺卡

单位名称		产品名称或代号		零件名称			零件图号
工序号	程序编号	夹具名称		使用设备			车间
工步号	工步内容	刀具号	刀具规格（mm）	主轴转速（r/min）	进给速度（mm/min）	背吃刀量（mm）	备注
编制		审核		批准		年 月 日	共 页	第 页

表 4—8 数控加工刀具卡

零件图号	零件名称	材料	程序编号	车间	使用设备

刀号	刀具名称	刀具直径（mm）		刀具长度（mm）	刀补地址		换刀方式	加工部位
		设定	补偿		直径	长度		

编制		审核		批准		年 月 日	共 页	第 页

五、如图 4—5 所示零件，毛坯尺寸为 100 mm×100 mm×20 mm，材料为 45 钢。试编制其加工工艺，确定加工用刀具，并填写加工工艺卡（表 4—9）及刀具卡（表 4—10）。

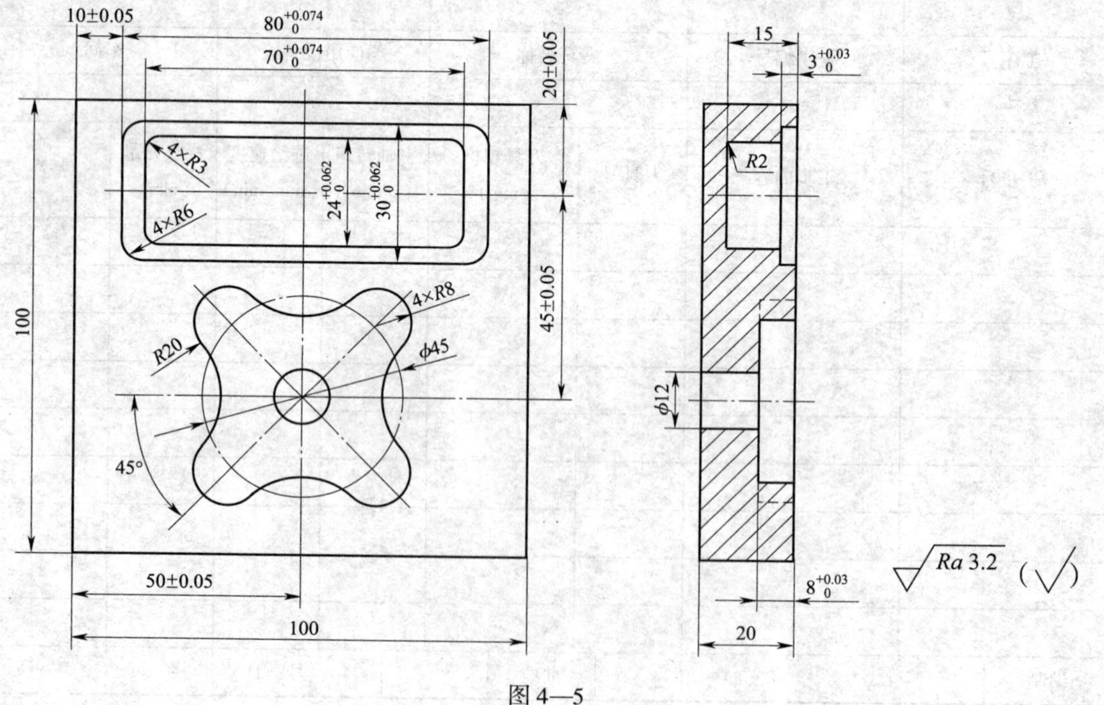

图 4—5

表 4—9　　　　　　　　　　数控加工工艺卡

单位名称		产品名称或代号		零件名称		零件图号	
工序号	程序编号	夹具名称		使用设备		车间	
工步号	工步内容	刀具号	刀具规格（mm）	主轴转速（r/min）	进给速度（mm/min）	背吃刀量（mm）	备注
编制		审核		批准	年　月　日	共　页	第　页

表 4—10　　　　　　　　　　数控加工刀具卡

零件图号		零件名称		材料		程序编号	车间		使用设备
刀号	刀具名称	刀具直径（mm）		刀具长度（mm）	刀补地址		换刀方式		加工部位
		设定	补偿		直径	长度			
编制		审核		批准		年　月　日	共　页		第　页

第五章　数控电加工工艺

第一节　概　述

一、填空题（将正确答案填写在横线上）

1. 在电加工过程中，因放电过程中可见到火花，故称之为____________加工。英国、美国、日本等国称之为____________加工，俄罗斯称之为____________加工。

2. 电加工主要是指利用________________进行金属材料加工的一种方式。电加工包括电蚀加工、______________、电化学加工及电热加工等。

3. 从狭义而言，电加工大多指直接利用____________进行金属材料加工的一种方式，主要有____________________、线电极切割、电抛光、电解磨削加工。

4. 按工具电极和工件相对运动的方式和用途不同，数控电加工大致可分为电火花穿孔成形加工、_______________、电火花磨削和镗磨、电火花同步共轭回转加工、电火花高速小孔加工、________________________六大类。

二、判断题（正确的打"√"，错误的打"×"）

1. 传统的机械加工必须采用比被加工材料更硬的刀具来除去多余的金属材料。（　　）

2. 电火花加工可实现用软金属工具加工比其硬的金属材料。（　　）

3. 电火花成形加工与传统的机械切削加工原理完全相同，在加工过程中，工具电极与工件接触。（　　）

4. 电火花加工的工件材料可以是任何硬度的金属材料，还可以是磁性材料。（　　）

三、选择题（将正确答案的代号填到括号内）

1. 数控电加工机床主要有（　　）。

A. 数控铣床、数控钻床等

B. 数控铣床、数控线切割机床等

C. 数控齿轮机床、数控铣床等

D. 数控线切割机床、数控电火花成形机床等

2.（　　）材料不能采用电火花加工。

A. 磁性　　B. 人造聚晶金刚石

C. 淬火钢　　D. 塑料

3. 称电火花加工为电蚀加工的国家是（　　）。

A. 中国　　B. 俄罗斯　　C. 日本　　D. 美国

四、简答题

1．什么是电加工？

2．从狭义方面看，电加工主要包括哪些内容？

3．电加工有何特点？

4．按工具电极和工件相对运动的方式与用途不同，数控电加工可分为哪六类？

第二节　数控电火花成形加工工艺

一、填空题（将正确答案填写在横线上）

1．电火花成形加工也称为放电加工、电蚀加工或电脉冲加工，是基于____________原理，直接利用电能和热能进行加工的新工艺。

2．放电蚀除过程是一个复杂的__________过程，大致可分为电离、放电、高热熔化、汽化、金属抛出、消电离几个阶段。

3．脉冲放电大多是在工作液中进行的，工作液必须具有较高的____________，以利于产生脉冲火花放电。

4．电火花成形加工装置通常由____________、机床主体、控制系统和工作液装置四大部分组成。

5．电火花加工的能量供给装置是____________。

6．电火花加工仅适于加工__________________材料。

7. 在一般情况下，电火花加工的加工速度要________于切削加工。

8. 由于电火花加工是靠电极间的____________去除金属，因此工件与工具电极都会有损耗，而且工具电极的损耗大多集中在____________________。

9. 一般电火花加工能得到的最小角部半径等于________________，但因电火花成形加工电极有损耗或采用平动加工，则角部半径还会增大。

10. 电火花加工的特点主要是把__________的形状通过电蚀工艺精确地仿制到工件上。

11. 电火花加工常用的电极材料有紫铜、黄铜、铸铁、钢和__________等。

12. 目前国内电火花加工冲模的电极材料一般选用____________，大多采用成形磨削方法制作电极。

13. 在生产中，将工件电极接脉冲电源________极的加工称为正极性加工，反之称为负极性加工。

14. 一般说来，粗加工时应使用________极性加工，而精加工时要改为______极性加工。

15. 在煤油介质中，用紫铜作工具电极并采用负极性加工时，电极表面均有__________形成。

16. 常用的电极结构有整体式电极、________________、镶拼式电极几种形式。

17. 电极的尺寸主要包括____________和截面尺寸。

18. 在电火花加工前，必须对工件进行____________，以免在加工过程中造成工件吸附铁屑，引起拉弧烧伤，影响成形表面的加工质量。

19. 电火花成形加工时，要根据加工工件的材料、加工精度及电极材料等因素选用合理的电加工参数，主要包括____________、脉冲间隔、峰值电压、峰值电流等。

20. 脉冲宽度简称脉宽，它是加到工具电极和工件上放电间隙两端的____________持续时间。

21. 为了防止电弧烧伤，电火花成形加工只能用____________的脉冲电压波。

22. 两个电压脉冲之间的间隔时间称为______________，也称脉冲停歇时间。

23. 工作液介质击穿后放电间隙中流过放电电流的时间是____________，也称放电时间。

24. 一个电压脉冲开始到下一个电压脉冲开始之间的时间称为____________。

25. 间隙开路时电极间的最高电压是____________，它等于电源的直流电压。

26. 加工电流是加工时电流表上指示的流过放电间隙的__________电流。

27. 电火花成形加工中所选用的一组电脉冲参数称为____________。

28. 电规准可分为________规准、中规准和精规准。

29. 粗规准主要用于________加工，精规准用来进行________加工。

30. 工件接脉冲电源正极，称为______极性加工；反之，工件接电源负极，则称为______极性加工。

31. 电火花加工是靠放电瞬时产生的____________，使电极材料熔化和汽化而达到去除多余材料的目的。

32. 由于放电时正、负极性不同而导致蚀除量不同的现象称为____________效应。

二、判断题（正确的打“√”，错误的打“×”）

1. 电火花放电蚀除过程是一个复杂的化学过程，大致可分为电离、放电、高热熔化、汽化、金属抛出、消电离几个阶段。（　）

2. 脉冲电源是电火花加工的能量供给装置。（　）

3. 电火花加工的放电脉冲参数可以任意调节，在同一台机床上可完成粗、中、精加工过程。（　）

4. 电火花加工过程大致可分为以下几个连续阶段：极间介质的电离、击穿，形成放电通道；介质热分解、电极材料熔化、汽化热膨胀；电极材料的抛出；极间介质的消电离。（　）

5. 目前，国内电火花加工冲模的电极材料一般选用铸铁和钢，型腔模具加工用的工具电极，大多采用石墨及紫铜制作。（　）

6. 在选用电火花加工电极材料时，通常在大脉宽、大电流、粗加工时选用紫铜电极，而精密加工时大多选用石墨电极。（　）

7. 加大脉冲宽度可降低电极材料的损耗，脉冲宽度越大，电极材料的损耗就越小。（　）

8. 在一般情况下，若脉宽不变，则随脉冲峰值电流的增加，电极损耗加大。（　）

9. 一般说来，电火花粗加工时应使用正极性加工，而精加工时要改为负极性加工。（　）

10. 电火花加工时，电极表面黑膜的形成有利于降低电极损耗。（　）

11. 当冲油压力增大时，电极损耗将随之增大。（　）

12. 电极的尺寸主要包括长度尺寸和截面尺寸。（　）

13. 在电火花加工前，必须对工件进行除锈、去磁，以免在加工过程中造成工件吸附铁屑，引起拉弧烧伤，影响成形表面的加工质量。（　）

14. 在国内，通常把工件与脉冲电源正极相接时的加工称为正极性加工，把工件与脉冲电源负极相接时的加工称为负极性加工。（　）

15. 电火花加工的粗规准一般选取的是窄脉冲、高峰值电流。（　）

16. 日本是按工具电极与电源的正极或负极相接来定义“正极性”或“负极性”加工的。（　）

17. 由于在峰值电流不变的情况下，脉宽加大时，加工速度提高，所以可以无限制地加大脉宽来提高加工速度。（　）

18. 脉冲间隔减小，放电频率提高，生产率相应提高，所以脉冲间隔越小越好。（　）

19. 工件材料的熔点和沸点越高，热容量越大，电火花加工速度就越低。（　）

20. 提高电火花加工速度的途径主要有提高放电脉冲频率及增大单个脉冲能量。（　）

21. 为了降低电极的相对损耗，电火花加工时，必须充分利用放电过程的极性效应和吸附效应，同时要选用适宜的材料制作工具电极。（　）

22. 电火花加工时，由于黑膜只能在负极表面形成，因此只有采用正极性加工才能利用

黑膜的补偿保护作用。 ( )

23. 电火花加工时，工具的尖角或凹角可以精确地复制在工件上。 ( )

24. 电火花加工是靠脉冲放电的电热作用蚀除工件材料的，与工件的机械性能关系不大。 ( )

25. 电火花加工的加工速度要低于切削加工。 ( )

26. 采用特殊水基不燃性工作液进行的电火花复合加工，其粗加工效率甚至可高于一般切削粗加工效率。 ( )

27. 电火花加工时工具电极没有任何损耗。 ( )

三、选择题（将正确答案的代号填到括号内）

1. 为了压缩放电通道面积，使放电能量更加集中，需借助液体的（ ），故放电大多是在液体介质中进行的。

A. 洗涤性　　B. 流动性

C. 绝缘性　　D. 几乎不可压缩特性

2. 在大、中型零件及模具加工方面，大多采用（ ）制作电极。

A. 紫铜　　B. 钢　　C. 铸铁　　D. 石墨

3. 下列哪种不是影响电极损耗的主要因素？（ ）

A. 工具材料　　B. 工件材料　　C. 极性　　D. 电参数

4. 下列关于黑膜的说法哪个是错误的？（ ）

A. 随黑膜厚度的增加，电极损耗随之降低

B. 黑膜是电极低损耗的结果

C. 越有利于形成黑膜时，也越易形成电弧放电

D. 当脉宽和峰值电流一定时，随脉冲停歇时间的增加，黑膜厚度将减小

5. 日本是按（ ）来定义“正极性”或“负极性”加工的。

A. 工具电极与电源的正极或负极相接

B. 工具电极与电源的负极或正极相接

C. 与我国规定相同

D. 说不准

6. 击穿放电的初始阶段是哪一种现象？（ ）

A. 大量电子射到正极，把能量传递给正极表面，使正极材料迅速熔化、汽化

B. 大量电子射到负极，把能量传递给负极表面，使负极材料迅速熔化、汽化

C. 大量正离子射到负极，把能量传递给负极表面，使负极材料迅速熔化、汽化

D. 少量正离子射到正极，把能量传递给正极表面，使正极材料迅速熔化、汽化

7. 下列关于电火花加工速度的说法错误的是（ ）。

A. 一般常用单位时间蚀除的材料面积来表示加工速度

B. 提高加工速度的途径主要有提高放电脉冲频率及增大单个脉冲能量

C. 高加工速度只适用于电火花成形加工的粗、中加工

D. 通过压缩脉冲间隔可提高放电脉冲频率，但脉冲间隔过短易产生电弧放电，反而降低加工速度

四、名词解释

1．电火花成形加工

2．极性效应

3．覆盖效应

五、简答题

1．简述电火花放电蚀除过程。

2．利用脉冲放电时金属的蚀除作用达到“尺寸加工”的目的，一般说来，必须具备哪些条件？

3．电火花成形加工装置通常由哪几部分组成？

4．电火花成形加工的应用范围有哪些？

5．电火花加工具有哪些局限性？

6. 碳素层的生成条件有哪些？

7. 电火花加工时，影响电极损耗的主要因素有哪些？

8. 电火花加工时，常用到的电参数有哪些？

第三节　数控线切割加工工艺

一、填空题（将正确答案填写在横线上）

1. 电火花线切割是指在工具电极（电极丝）和工件间施加电压，使电压击穿__________产生火花放电的一种工艺方法。

2. __________放电是因放电间隙消电离不充分，多次在同一部位连续稳定放电形成的，放电爆炸力小，颜色发白，蚀除量低。

3. __________放电是游走性的非稳定放电过程，放电爆炸力大，放电声音清脆，呈蓝色火花，蚀除量高。

4. 线切割加工时，工件一律接脉冲电源的________极。

5. 绝大多数冲裁模具都采用____________加工制造。

6. 数控线切割加工，一般作为工件加工的________________工序，使工件达到图样规定的尺寸、几何精度和表面粗糙度。

7. 在线切割加工时，在工件的凹角处不能得到“清角”，而是________角。

8. 电火花线切割加工表面和机械加工的表面不同，它是由____________的无数小坑和硬凸边所组成，特别有利于保存润滑油；而机械加工表面则存在着切削或磨削刀痕，具有____________性。

9. 电火花线切割加工工艺准备主要包括________准备、________准备和工作液配制。

10. 一般情况下，快速走丝机床常用____________作线电极，钨丝或其他昂贵金属丝因成本高而很少用，其他线材因抗拉强度低，在快速走丝机床上不能使用。

11. 慢速走丝机床上可用各种____________、铁丝，专用合金丝以及镀层（如镀锌等）的电极丝。

12. 线电极直径 d 应根据工件加工的____________、工件厚度及拐角尺寸大小等来选择。

13. 由于线电极的直径和放电间隙的关系，在工件切割面的交接处，会出现一个高出加工表面的高线条，称之为________。其大小决定于线径和____________。

14. 工艺条件相同时，改变工作液的种类或________，就会对线切割加工效果发生较大影响。

15. 数控线切割加工常用的夹具有：压板夹具、分度夹具和__________夹具。

16. 火花法是利用线电极与工件在一定间隙时发生____________来确定线电极的坐标位置。

二、判断题（正确的划“√”，错误的划“×”）

1. 利用电火花线切割机床不仅可以加工导电材料，还可以加工不导电材料。（　　）
2. 线切割机床通常分为两大类，一类是快走丝，另一类是慢走丝。（　　）
3. 线切割加工一般采用负极性加工。（　　）
4. 在电火花线切割加工过程中，可以不使用工作液。（　　）
5. 快走丝线切割加工中也可以使用铜丝作为电极丝。（　　）
6. 电火花线切割加工过程中，电极丝与工件间只存在火花放电状态。（　　）
7. 电火花线切割加工过程中，电极丝与工件间火花放电是比较理想的状态。（　　）
8. 悬臂式支撑是快走丝线切割最常用的装夹方法，其特点是通用性强，装夹方便，装夹后稳定，平面定位精度高，适用于装夹各类工件。（　　）

三、选择题（将正确答案的代号填到括号内）

1. 在进行线切割加工程序编制时，放电间隙一般都取（　　）。

A. 0.1 mm　　B. 0.2 mm　　C. 0.01 mm　　D. 0.02 mm

2. 在进行线切割加工时，工件一律接脉冲电源的（　　）。

A. 阳极　　B. 阴极　　C. 阴、阳极都可　　D. 无法确定

3. 绝大多数冲裁模具都采用（　　）制造。

A. 锻造　　B. 机械加工　　C. 铸造　　D. 线切割加工

4. 已知线电极的直径为 d，加工时的放电间隙为 δ，那么线电极中心的运动轨迹与加工面相距（　　）。

A. $d/2$　　B. δ　　C. $d+\delta$　　D. $d/2+\delta$

5. 用线切割加工凸凹模时，在工件的凹模拐角处的过渡圆弧半径 R 应满足（　　）。（注：线电极的直径为 d，加工时的放电间隙为 δ，凹、凸模的配合间隙为 Δ）

A. $\leqslant d/2+\Delta$　　B. $\geqslant d/2+\Delta$　　C. $\leqslant d/2+\delta$　　D. $\geqslant d/2+\delta$

6. 快速走丝方式的丝速为 10 m/s 时，那么 1 μs 时间，电极丝移动了（　　）mm。

A. 0.01　　　B. 0.1　　　C. 1　　　D. 10

7. 一般穿丝孔常用直径为（　　）mm。

A. 3～10　　　B. 0.3～1　　　C. 0.03～0.1　　　D. 0.003～0.02

8. 高速走丝电火花线切割机床使用的工作液是（　　）。

A. 专用的乳化液　　　B. 水

C. 煤油　　　D. 蒸馏水

9. 对材料为Cr12的工件，工作液用（　　）配制，浓度稍小些，这样可减轻工件表面的黑白交叉条纹，使工件表面洁白均匀。

A. 乳化液　　　B. 水　　　C. 煤油　　　D. 蒸馏水

10. 新配制的工作液，当加工电流约为2 A时，其切割速度约40 mm^2/min，若每天工作8 h，使用约（　　）天以后效果最好，继续使用（　　）天后就易断丝，须更换新的工作液。

A. 2　　　B. 3　　　C. 5　　　D. 6

E. 8～10　　　F. 10～12

11. 早期采用慢速走丝方式、RC电源时，多采用（　　）工作液。

A. 乳化液　　　B. 水类　　　C. 油类　　　D. 醇类

12.（　　）工作液可得到较好的加工效果。

A. 纯净的　　　B. 脏污程度还不大的

C. 脏的　　　D. 无法确定

13. 电火花线切割机床的脉冲电源与电火花成形加工机床的脉冲电源（　　）。

A. 原理和性能要求都相同　　　B. 原理不同，性能要求相同

C. 原理相同，性能要求不相同　　　D. 原理和性能要求都不相同

14. 有关线切割机床安全操作方面，下列说法正确的是（　　）。

A. 当机床电气发生火灾时，可以用水对其进行灭火

B. 机床电气发生火灾时，应用四氯化碳灭火器灭火

C. 线切割机床在加工过程中产生的气体对操作者的健康没有影响

D. 由于线切割机床在加工过程中的放电电压不高，所以加工中可以用手接触工件或机床工作台

15. 在电火花线切割加工过程中如果产生的电蚀产物（如金属微粒、气泡等）来不及排除、扩散出去，不可能产生的影响有（　　）。

A. 改变间隙介质的成分，并降低绝缘强度

B. 使放电时产生的热量不能及时传出，消电离过程不能充分

C. 使金属局部表面过热而使毛坯产生变形

D. 火花放电转变为电弧放电

16. 电火花线切割的微观过程可分为四个连续阶段：a）电极材料的抛出；b）极间介质的电离、击穿，形成放电通道；c）极间介质的消电离；d）介质热分解、电极材料熔化、气化热膨胀。

这四个阶段的排列顺序为（　　）

A. abcd　　　B. bdac　　　C. acdb　　　D. cbad

四、名词解释

1. 电火花线切割

2. 突尖

五、简答题

1. 简述电火花线切割原理。

2. 火花放电和电弧放电主要有哪些区别？

3. 简述数控线切割加工的应用范围。

4. 数控线切割加工工艺准备的内容有哪些？

5. 在数控线切割加工过程中，走丝速度对工艺指标有何影响？

6. 在电火花线切割加工中，工作液有何作用？如何正确配制？

7．在电火花线切割加工中，如何正确使用工作液？工作液的脏污程度对工艺指标有何影响？

8．在电火花线切割加工中，对工件装夹的基本要求有哪些？

9．采用电火花线切割加工时，工件位置校正的方法有哪些？如何校正？

第六章　CAPP技术与先进制造生产模式简介

第一节　CAPP技术简介

一、填空题（将正确答案填写在横线上）

1. 计算机辅助工艺规程设计的英文缩写为____________，计算机集成制造系统的英文缩写为____________。

2. CAPP是通过向计算机输入被加工零件的____________信息和____________信息，由计算机辅助工艺设计人员进行工艺规程设计并自动输出零件的工艺路线和工序内容等工艺文件的过程。

3. CAPP上与__________相接，下与__________相连，是连接设计与制造之间的桥梁。

4. 控制模块是用户的操作平台，包括系统菜单、____________界面、工艺数据/知识输入界面、工艺文件的显示、编辑与管理界面等。

5. CAPP系统进行工艺过程设计的对象和依据是__________信息。

6. 零件信息常用的输入方式主要有____________输入和从CAD造型系统所提供的产品数据模型中直接获取两种方式。

7. 工序决策模块的主要任务是生成____________、计算工序尺寸、生成工序图。

8. NC加工指令生成模块是依据____________模块所提供的刀位文件，调用NC代码库中适应于具体机床的NC指令代码系统，产生NC加工控制指令。

9. 工艺数据库/知识库是CAPP系统的支撑工具，它包含了工艺设计所需要的____________数据和规则。

10. 计算机辅助工艺设计系统就是按人工设计__________过程的四个阶段进行工艺规程设计的。

二、判断题（正确的划“√”，错误的划“×”）

1. 计算机辅助工艺设计可以大大缩短工艺设计周期，保证工艺设计的质量，提高产品在市场上的竞争能力。（　　）

2. CAPP可以将工艺设计人员从大量繁重的重复性手工劳动中解放出来。（　　）

3. 控制模块主要任务是协调各模块的运行，是人机交互的接口，实现人机之间的信息交流，控制零件信息的获取方式。（　　）

4. 零件信息是CAPP系统进行工艺过程设计的对象和依据，零件信息的描述和输入是CAPP系统的重要组成部分。（　　）

5. 工艺规程设计模块的主要任务是生成工序卡，计算工序尺寸，生成工序图。（　　）

6. 工艺文件输出模块主要完成工艺过程卡、工序卡、工步卡、工序图及其他文档的输出。 (　　)

三、选择题（将正确答案的代号填到括号内）

1. CAPP 的含义是（　　）。

A. 计算机辅助设计　　B. 计算机辅助制造

C. 计算机辅助工艺设计　　D. 计算机集成制造系统

2. CAD 的含义（　　）。

A. 计算机辅助设计　　B. 计算机辅助制造

C. 计算机辅助工艺设计　　D. 计算机集成制造系统

3. CAM 的含义（　　）。

A. 计算机辅助设计　　B. 计算机辅助制造

C. 计算机辅助工艺设计　　D. 计算机集成制造系统

4. CIMS 的含义（　　）。

A. 计算机辅助设计　　B. 计算机辅助制造

C. 计算机辅助工艺设计　　D. 计算机集成制造系统

四、简答题

1. 什么是 CAPP？

2. 根据 CAD/CAPP/CAM 集成的要求，CAPP 系统由哪些模块组成？

3. CAPP 系统中控制模块的主要任务是什么？

4. 人工编制工艺的过程一般有哪几个阶段？

5. 简述 CAPP 系统进行工艺规程设计的流程。

第二节 先进制造技术

一、填空题（将正确答案填写在横线上）

1. 依据现代成形学的观点，从物质的组织方式上可把成形方式分为________成形、________成形、堆积成形和生成成形四类。

2. 粉末冶金锻造一般可分为粉末准备、__________、预制坯锻造和后续加工四个阶段。

3. 表面工程技术是一项通过改变固体金属表面或非金属表面的形态、__________和组织结构，以获得所需要表面性能的系统工程。

4. 现代表面技术的基础理论是__________科学，它包括表面分析技术、表面物理、表面化学三个分支。

5. 表面__________是指采用某种工艺手段使材料表面获得与其基体材料的组织结构、性能不同的一种技术。

6. 离子渗氮是一种在压力低于 10^5 Pa 的渗氮气氛中，利用工件（阴极）和阳极间稀薄含氮气体产生辉光放电进行__________的工艺。

7. RPM 技术是综合利用 CAD 技术、数控技术、材料科学、机械工程、电子技术及激光技术的技术集成以实现从零件设计到__________原型制造一体化的系统技术。

8. 各种 RPM 技术的过程流都包括 CAD 模型建立、前处理、__________过程和后处理等四个步骤。

二、判断题（正确的划“√”，错误的划“×”）

1. 车、铣、刨、磨等加工方法均属于受迫成形。（ ）

2. 广义地讲，焊接也属堆积成形范畴。（ ）

3. 表面技术所涉及的基体材料不仅有金属材料，也包括无机非金属材料、有机高分子材料及复合材料。（ ）

4. 激光表面处理的目的是改变表面层的成分和显微结构。（ ）

5. 快速原型/零件制造技术起源于英国。（ ）

三、选择题（将正确答案的代号填到括号内）

1. 电火花加工、激光切割、打孔等加工方法均属于（ ）成形。

A. 去除　　B. 受迫　　C. 堆积　　D. 生成

2. 铸造、锻压和粉末冶金等均属于（　　）成形。

A. 去除　　B. 受迫　　C. 堆积　　D. 生成

3. 3D 打印属于（　　）成形。

A. 去除　　B. 受迫　　C. 堆积　　D. 生成

4. 自然系统中生物个体发育均属于（　　）成形。

A. 去除　　B. 受迫　　C. 堆积　　D. 生成

5. 20 世纪（　　）年代初，消失模（气化模）铸造技术才开始应用于工业生产。

A. 50　　B. 60　　C. 70　　D. 80

6. FDM 为（　　）。

A. 光敏液相固化法　　B. 叠层实体制造法

C. 选区激光烧结法　　D. 熔融沉积成形法

7. 下列属于表面改性技术的是（　　）。

A. 电镀　　B. 黏结

C. 表面热处理　　D. 化学气相沉积

8. SLS 为（　　）。

A. 光敏液相固化法　　B. 叠层实体制造法

C. 选区激光烧结法　　D. 熔丝沉积成形法

四、简答题

1. 依据现代成形学的观点，从物质的组织方式上可把成形方式分为哪几类？

2. 什么是粉末冶金锻造？一般情况下粉末冶金锻造分为哪几个阶段？

3. 传统表面覆层技术包括哪些？

4. 等离子体表面处理技术有哪些？

5. 简述 RPM 技术的工作原理。

第三节　先进制造生产模式

一、填空题（将正确答案填写在横线上）

1. 在实践中取得成效的先进制造生产模式主要包括敏捷制造、__________、并行工程、智能制造。

2. 敏捷制造就是指制造系统在满足低成本和高质量的同时，对变幻莫测的市场需求的__________反应。

3. 实施敏捷制造的技术分为产品设计和企业并行工程、__________、制造计划与控制、智能闭环加工和企业集成五大类。

4. AM 系统设计不是预先按规定的需求范围建立某过程，而是使制造系统从组织结构上具有可重构性、__________和可扩充性三方面的能力。

5. 精益生产的核心内容是__________生产方式。

6. __________是集成地、并行地设计产品及其相关过程（包括制造过程和支持过程）的系统方法。

7. 在产品并行设计过程中，按产品概念设计、结构设计及其评价、详细设计及其评价和产品__________四个阶段进行设计和评价。

8. 绿色制造的两个过程：__________过程和产品的生产周期过程。

9. 绿色制造内容包括三部分：用绿色材料、绿色能源，经过绿色的__________生产出绿色产品。

二、判断题（正确的划“√”，错误的划“×”）

1. 敏捷制造 AM 具有自主性，每个工件和加工过程、设备的利用以及人员的投入都由本单元自己掌握和决定。（　）

2. 敏捷制造 AM 系统是一种以适应不同产品为目标而构造的虚拟制造系统。（　）

3. 虚拟制造就是“在计算机上模拟制造的全过程”。（　）

4. 制造计划与控制的任务就是描述一个集成的宏观和微观计划环境。（　）

5. JIT 生产方式、成组技术 GT 以及全面质量管理 TQC 是精益生产的三根支柱。（　）

6. 传统产品开发过程是顺序过程：概念设计→详细设计→过程设计→加工制造→试验验证→设计修改→工艺设计→正式投产→营销。（　）

7. 并行特性是把时间上有先后的作业活动转变为同时考虑和尽可能同时处理和并行处理的活动。（　）

8. 并行工程不具有约束特性。（　　）

9. 绿色制造的目标是使产品从设计、制造、包装、运输、使用到报废处理的整个生命周期中，废弃资源和有害排放物最小。（　　）

10. 绝对的绿色制造是存在的。（　　）

三、选择题（将正确答案的代号填到括号内）

1. AM 的含义是（　　）。

A. 精益生产　　B. 敏捷制造　　C. 并行工程　　D. 绿色制造

2. LP 的含义是（　　）。

A. 精益生产　　B. 敏捷制造　　C. 并行工程　　D. 绿色制造

3. CE 的含义是（　　）。

A. 精益生产　　B. 敏捷制造　　C. 并行工程　　D. 绿色制造

4. GM 的含义是（　　）。

A. 精益生产　　B. 敏捷制造　　C. 并行工程　　D. 绿色制造

5. 下列属于敏捷制造 AM 的基本特点是（　　）。

A. AM 是自主制造系统　　B. AM 是虚拟制造系统

C. AM 是不可重构的制造系统　　D. AM 是可重构的制造系统

6. 精益生产的三根支柱是（　　）。

A. JIT　　B. GT　　C. TQC　　D. CE

7. 下列属于 CE 特性的是（　　）。

A. 并行特性　　B. 整体特性　　C. 协同特性　　D. 约束特性

四、简答题

1. 敏捷制造 AM 具有哪些基本特点？

2. 实施敏捷制造的技术分为哪几类？

3．并行工程 CE 具有哪些特性？

4．在产品并行设计过程中，按哪几个阶段进行设计和评价？

5．绿色制造内容包括哪几部分？实现绿色制造的途径有哪些？